DE LA

MORT DE SOCRATE

PAR LA CIGUË

DE LA

MORT DE SOCRATE

PAR LA CIGUË

OU

RECHERCHES BOTANIQUES, PHILOLOGIQUES,

HISTORIQUES, PHYSIOLOGIQUES

ET THÉRAPEUTIQUES SUR CETTE PLANTE

PAR

LE Dr IMBERT-GOURBEYRE

PROFESSEUR A L'ÉCOLE DE MÉDECINE DE CLERMONT-FERRAND

MÉDECIN CONSULTANT AUX EAUX DE ROYAT

COMMANDEUR DE L'ORDRE DE CHARLES III

PARIS

LIBRAIRIE J.-B. BAILLIÈRE ET FILS

Rue Hautefeuille, 19, près le boulevard Saint-Germain

1875

TRAVAUX DIVERS DE L'AUTEUR

EN MATIÈRE MÉDICALE

ACONIT.

1º Mémoire sur les propriétés antinévralgiques de l'aconit (*Gazette médicale*, 1854).

2º Mémoire sur l'action élective de l'aconit sur la tête et les nerfs de la face, dans ses rapports avec les propriétés antinévralgiques de ce médicament (*id.*, 1855).

3º Note sur les propriétés antinévralgiques de l'aconit (*Moniteur des hôpitaux*, 1855).

4º Mémoire sur l'éphidrose, les divers traitements employés contre cette maladie et en particulier sur son traitement par l'aconit (*Gazette médicale*, 1855).

5º Du traitement de l'érysipèle par l'aconit (*Union médicale*, 1861).

6º De l'aconit dans le traitement du choléra (*Art médical*, 1867).

ALCOOL.

7º Note sur l'alcool comme antidote du poison des serpents (*Moniteur des sciences médicales*, 1861).

AMMONIAQUE.

8º Observations d'empoisonnement par l'ammoniaque, ou note relative à quelques points de l'histoire physiologique et thérapeutique de cette substance (*Moniteur des hôpitaux*, 1854).

ARNICA.

9° Note sur l'arnica (*Tribune médicale*, 1869).

ARSENIC.

10° Note sur les toxicophages allemands, ou examen de quelques propriétés de l'arsenic (*Moniteur des hôpitaux*, 1854).

11° Note sur quelques nouveaux remèdes contre le choléra (*id.*, 1854).

12° Histoire des éruptions arsenicales (*id.*, 1857).

13° Études sur la paralysie arsenicale (*Gazette médicale*, 1858).

14° Mémoire sur le prurit vulvaire, sur celui des femmes grosses en particulier, son traitement par l'arsenic (*Annales médicales de la Flandre occidentale*, 1858).

15° Études sur quelques symptômes de l'arsenic et sur les eaux minérales arsenifères (*Gazette médicale*, 1862).

16° Du traitement du mal de Bright par l'arsenic (*Art médical*, 1863).

17° Epistaxis arsenicale (*id.*, 1864).

18° Action de l'arsenic sur les parties génitales externes (*Gazette médicale*, 1864).

19° Mémoire sur l'arsenic fébrigène et son emploi dans la fièvre typhoïde (*Art médical*, 1865).

20° Des ecchymoses du cœur dans l'empoisonnement arsenical (*id.*, 1869).

21° Un cas d'arsenic fébrigène (*id.*, 1869).

22° Observation d'empoisonnement chronique par les vapeurs d'arsenic (*id*, 1869).

23° Mémoire sur l'arsenic dans les névralgies (*id.*, 1870).

24° De l'action de l'arsenic sur la peau (*id.*, 1870-71-72).

25° De l'action de l'arsenic sur le cœur (*id.*, 1873-74).

26° Note sur le traitement de l'hydrocèle par l'arsenic (*id.*, 1875).

CAMOMILLE.

27° Note sur les propriétés antipurulentes de la camomille (*Moniteur des hôpitaux*, 1858).

CARBONATES DE BARYTE ET DE CHAUX.

28º Du traitement de l'esquinancie par le carbonate de baryte et les préparations calcaires (*Art médical*, 1874).

CIGUE.

29º De la mort de Socrate par la ciguë, ou recherches botaniques, philologiques, historiques, physiologiques et thérapeutiques sur cette plante (*id.*, 1875).

ÉLECTIVITÉ.

30º Remarques sur la loi d'électivité (*Revue thérapeutique du Midi*, 1856).

ÉLLÉBORE BLANC.

31º Du traitement du choléra par l'ellébore blanc et l'arsenic (*Annales médicales de la Flandre occidentale*, 1855-56).

HOMŒOPATHIE.

32º Lectures publiques sur l'homœopathie faites au palais des facultés de Clermont-Ferrand, 1865.

IPÉCACUANHA.

33º Mémoire sur l'ipécacuanha (*Art médical*, 1868).

MERCURE.

34º Mémoire sur le traitement des angines par les mercuriaux, la belladone et l'aconit (*Moniteur des hôpitaux*, 1856).

NOIX VOMIQUE.

35° Note sur le traitement de la passion iliaque par la noix vo-
miruc (*Art médical*, 1860).

ORANGES AMÈRES.

36° Mémoire sur l'action physiologique de l'huile essentielle
d'oranges amères (*Gazette médicale*, 1853).

PHOSPHORE.

37° Note sur certains effets du phosphore (*Art médical*, 1868).

RUE.

38° Note sur la propriété e xanthématogène de la ruë (*id*, 1862).

TABAC.

39° Leçons sur le tabac faites au palais des facultés de Clermont-
Ferrand, 1866.

TARTRE STIBIÉ.

40° Mémoire sur les éruptions antimoniales (*Gazette médicale*,
1861).

DE LA

MORT DE SOCRATE

PAR LA CIGUË

OU

RECHERCHES BOTANIQUES, PHILOLOGIQUES, HISTORIQUES, PHYSIOLOGIQUES ET THÉRAPEUTIQUES SUR CETTE PLANTE.

INTRODUCTION.

La mort de Socrate est toujours restée célèbre. Tout le monde en a parlé, peintres, poëtes, historiens, philosophes, littérateurs, jusqu'aux médecins. Si ces derniers n'avaient pas dit leur mot, je me tairais ; car le thème est bien vieux. Je veux essayer toutefois de le rajeunir sur la simple question de savoir si l'illustre philosophe est mort réellement par la ciguë. Toute l'antiquité l'a dit ; nonobstant, le plus grand nombre des médecins modernes a entassé sur ce point le doute ou la négation, en débitant plus d'une erreur. Il faut pourtant savoir à quoi s'en tenir. Tel est l'objet de cet opuscule : peut-être l'histoire de la ciguë encore imparfaitement connue y gagnera-t-elle quelque chose.

Il nous faut tout d'abord raconter la mort de Socrate, et citer textuellement le fameux passage du Phédon.

« Criton fit signe à l'esclave qui se tenait auprès. L'es-
« clave sortit, et après être resté queique temps (συχνόν

« χρόνον), il revint avec celui qui devait donner le poison
« (τὸ φάρμακον), qu'il portait tout broyé dans une coupe
« (τετριμμένον). Aussitôt que Socrate le vît : Fort bien,
« mon ami, lui dit-il ; mais que faut-il que je fasse ?
« car c'est à toi de me l'apprendre. »

« Pas autre chose, lui dit cet homme, que de te pro-
« mener, quand tu auras bu, jusqu'à ce que tu sentes
« tes jambes appesanties (βάρος ἐν τοῖς σκέλεσι), et alors de
« te coucher sur ton lit ; le poison agira de lui-même.
« Et en même temps il lui tendit la coupe, Socrate la
« prit avec la plus grande sécurité, sans aucune émo-
« tion, sans changer de couleur ni de visage ; mais re-
« gardant cet homme d'un œil ferme et assuré, comme
« à son ordinaire : Dis-moi, fit-il, est-il permis de ré-
« pandre un peu de ce breuvage pour en faire une li-
« bation ?

« Socrate, lui répondit cet homme, nous n'en broyons
« que ce qu'il est nécessaire d'en boire (τρίβομεν ὅσον
« οἰόμεθα μέτριον εἶναι πιεῖν).

« J'entends, dit Socrate ; mais au moins il est permis
« de faire ses prières aux Dieux, afin qu'ils bénissent
« notre voyage et le rendent heureux ; c'est ce que je
« leur demande. Puissent-ils exaucer mes vœux ! Après
« avoir dit cela, il porta la coupe à ses lèvres et la but
« avec une tranquillité et une douceur merveilleuses...

« Cependant Socrate, qui se promenait, dit qu'il sen-
« tait ses jambes s'appesantir (βαρύνεσθαι τά σκέλη), et il se
« coucha sur le dos (κατεκλίνη ὕπτιος), comme l'homme
« l'avait ordonné. En même temps, le même homme qui
« lui avait donné le poison s'approcha, et après avoir
« examiné quelque temps ses pieds et ses jambes, il lui
« serra le pied fortement (σφόδρα πιέσας αὐτοῦ τὸν πόδα),

« et lui demanda s'il le sentait (εἰ αἰσθάνοιτο). Il lui dit
« que non. Il lui serra ensuite les jambes, et, portant
« ses mains plus haut, il fit voir que le corps se glaçait
« et se raidissait (ὅτι ψύχοιτό τε καί πηγνύοιτο), et le touchant
« lui-même, il nous dit que dès que le froid gagnerait
« le cœur (πρὸς τῇ καρδίᾳ γένηται αὐτῷ), alors Socrate nous
« quitterait. Déjà tout le bas-ventre était glacé (ἦν τὰ
« περὶ τὸ ἦτρον ψυχόμενα). Alors se découvrant, car il était
« couvert : Criton, dit-il, et ce furent ses dernières pa-
« roles, nous devons un coq à Esculape; n'oublie pas
« d'acquitter cette dette. — Ce sera fait, répondit Cri-
« ton, mais vois si tu as encore quelque chose à nous
« dire.

« Il ne répondit rien, et un peu de temps après il fit
« un mouvement convulsif (ἐκινήθη). Alors l'homme le
« découvrit tout à fait; ses regards étaient fixes (τὰ
« ὄμματα ἔστησεν). Criton, s'en étant aperçu, lui ferma les
« yeux et s'en alla. » (Phédon, trad. Cousin.)

Ce récit de Platon a toujours eu le privilége d'émou-
voir les amateurs du beau antique : témoin Jules Scaliger qui écrivait dans son enthousiasme païen de la Renaissance : — « La dernière parole de Socrate a été pour
le coq d'Esculape. Il est mort sans douleurs, mais non
point sans nos larmes, car je pleure toutes les fois que
je lis ce passage. Combien de fois ai-je été poussé à re-
lire ce dialogue célèbre, mais arrivé à l'endroit de la
mort, il m'était impossible d'aller plus loin, obligé de
fermer le livre. » (1).

(1) D'autres pleurs ont été versés sur la mort de Socrate. Wepfer, après
avoir cité Scaliger, ajoute qu'on ne peut lire le récit de cette mort célèbre sans donner des marques de commisération et de pitié, à moins
d'avoir un cœur de bronze, ou d'être dénué d'intelligence. Voici un

Moi aussi, je ne suis point insensible à ce beau passage du Phédon; mais ce coq d'Esculape me déplaît grandement. J'avoue que la mort du premier venu d'entre les chrétiens martyrs est bien supérieure à celle de Socrate (1).

Connaissant de plus grands sages, je ne pleurerai

pleur médical tout récent que je trouve dans un dictionnaire de médecine en voie de publication: ici le pathétique s'élève jusqu'au pathos : — Que ne pouvons-nous citer ici la dernière page de Phédon, où le disciple ému retrace avec tant de vérité les derniers moments de son maître, lorsque sentant le froid de la mort gagner des jambes vers le cœur, il s'enveloppe de son manteau et meurt *sans convulsions!* sans souffrance, conservant son intelligence, sa sublime raison jusqu'au dernier instant de sa vie. — Ce passage *ému* se lit au milieu d'un article fort maigre sur la ciguë dans le *Nouveau dictionnaire de médecine*, Ed. Jaccoud.

(1) Qu'on me permette de citer ici saint Jean Chrysostôme dissertant sur la mort de Socrate : « Sed apud eos (philosophos) quoque, inquit, fuerunt multi mortem contemnentes? Num is qui bibit cicutam? sed, si velis, ex ecclesia tales exhibebo innumerabiles. Si enim licerit, cum ingruerit persecutio, epota cicuta, excedere, *essent omnes illo clariores.* Quamquam ille quidem bibit, cum non esset in sua potestate bibere aut non bibere, sed vellet nollet hoc eum oportebat pati, quod jam non erat magni animi virtutis, sed necessitatis. Nam et latrones et sicarii ac parricidæ sententiam subeuntes, graviora passi sunt quam isti. Apud nos autem contrarium omnino accidit. Non enim martyres passi sunt invite, sed lubenter et cum esset in eorum potestate non pati, quovis adamante firmiorem et fortiorem ostenderunt magni animi virtutem. Non est ergo hoc mirandum, si ille bibit cicutam, cum in ejus potestate non esset non bibere et ad extremam provectus esset ætatem. Dicebat enim se esse septuaginta annos natum quando vitam contempsit, si hoc est contemnere; ego enim non dixerim, imo vero nullus alius. Sed ostende mihi quempiam qui pro pietate ac vera religione tormenta fortiter sit perpessus, quomodo ego innumerabiles ubique per totum orbem terræ. Quis cum ei effoderentur ungues, forti et generoso animo tulit? Quis, cum cruerentur articuli? Quis, cum particulatim corpus discerperetur et separaretur a capite? Quis, cum ossa extraherentur? Quis in sartagine frequenter positus? Quis in lebetem injectus? Hunc mihi ostende. *Cicuta enim mortem obiisse, perinde est atque permansisse dormientem : dicitur enim ea mors somno suavior.* Quod si qui etiam tormenta tulerunt, verum tamen quoque laus periit, nam pro turpi causa perierunt. » (Epist. ad Cor. 1. Hom., 4.)

donc point, comme Scaliger, sur la mort du sage Athénien, et je passe immédialement à l'ordre du jour, à
l'effet d'examiner les deux questions suivantes.

Socrate est-il réellement mort par la grande ciguë,
la ciguë vulgaire, celle que Linnée a nommée *conium
maculatum?* Le poison qui lui fut administré ne conte-
nait-il que la ciguë? Double question sur laquelle je
réponds affirmativement; ce que je vais essayer de
démontrer dans le cours de ce travail.

Plusieurs opinions contradictoires ont été émises à
ce sujet. Wepfer met en doute que le poison grec ait
été de la ciguë. Melchior Friccius ne veut pas pousser
la curiosité jusqu'à examiner si la ciguë vulgaire est la
ciguë antique : il est très-possible qu'elles diffèrent.
Sauvages prétend que le poison socratique était notre
ciguë vireuse ou aquatique. Haller y rapporte également le *conéïon* de Dioscoride. Pour Murray (1), il n'est pas
probable que les Grecs se soient servis de notre grande
ciguë et que Socrate ait été empoisonné par cette substance. J. Frank (2) est pour la ciguë vireuse ainsi que
Bulliard (3). Guersent s'exprime ainsi, dans le *Dictionnaire des sciences médicales*, au sujet de la ciguë : « Théophraste et Dioscoride ne nous ayant laissé *aucune description exacte* de la plante qu'ils appelaient ainsi, et le
peu de détails donnés par ce dernier pouvant convenir
à plusieurs espèces de ciguë qui sont maintenant connues et qui *croissaient aussi en Grèce*, il me paraît impos-

(1) Wepfer. *Cicutæ aquaticæ historia*, 1679. — Melchior Friccius. *De
virtute venenorum medica*, 1701. — Sauvages, *Nosologia methodica*, 1768.
— Haller. *Historia stirpium Helvetiæ*, 1768. — Murray. *Apparatus medi-
caminum*, 1793.
(2) J. Franck. *Manuel de toxicologie*, 1803.
(3) Bulliard. *Histoire des plantes vénéneuses.*

— 6 —

sible de déterminer, d'une manière précise, de quelle
plante les anciens ont voulu parler. »

Suivant Bonastre, dans une communication faite à
l'Académie de médecine, ce serait dans le *datura ægyptiaca* ou l'*hyoscyamus datura* qu'il faudrait reconnaître
la ciguë des anciens. Casaubon, dans une thèse récente,
met en relief cette dernière opinion (1).

Les accidents déterminés par l'ingestion de la ciguë,
dit Orfila, *sont si peu d'accord* avec ceux dont ont parlé
les anciens, surtout les Grecs, que *l'on pense généralement* aujourd'hui qu'il n'existe *qu'une simple analogie de
nom* entre la ciguë actuelle du nord de l'Europe et celle
que les Athéniens employaient jadis pour l'exécution
des condamnations à mort. Toutefois, l'observation suivante vient faire exception à celles qui ont été recueil-
lies dans les temps modernes ; car elle a présenté tous
les symptômes retracés par Platon dans le tableau qu'il
nous a laissé des derniers moments de l'illustre philosophe Socrate. — Ici, Orfila cite une observation importante du professeur Bennet, dont il sera question plus
tard.

D'un autre côté, Schulze, Fodéré, Mérat et Delens,
Christison et Bennet ont soutenu l'opinion contraire,
et sont d'avis ou portés à croire que notre *conium maculatum* n'est autre que la ciguë des anciens. « On croit
généralement, disait Christison, que la ciguë a fourni
le poison des anciens, surtout chez les Grecs, mais nous
n'avons pas d'informations exactes à ce sujet. » Schulze
a été bien plus explicite, lorsqu'il disait : « Le κώνειον

---

(1) Bonastre. *Bulletin de l'Académie de médecine*, 1836. — Casaubon.
Histoire physiologique de la coniicine. Thèse de Paris, 1868.

des Grecs, que les Romains appelaient cicuta, doit être rapporté au conium maculatum de Linné; » il ajoutait, avec raison : « Omnes sane notæ, habitum, odorem et « vires noxias hujus plantæ describentes conio macu- « lato inter omnes aptissimè respondent » (1).

On a prétendu aussi que le poison administré à Socrate était composé non-seulement de ciguë, si toutefois il y en avait, mais encore d'opium et autres substances vénéneuses. Guainerius, Wepfer, Bœcler, Steger, Sauvages, Mead, Murray, Desbois, Guersent, Bonastre, Casaubon et autres (2), ont soutenu cette thèse, qui paraît avoir pour elle l'opinion de la majorité.

« On présume, dit Guibourt, que le breuvage destiné à faire périr les condamnés à Athènes, contenait, indépendamment du suc de ciguë, de l'opium, dont les propriétés s'accordent mieux avec les symptômes de la mort de Socrate, telle qu'elle est rapportée par les historiens » (3).

Il y a vingt ans, mon excellent ami, feu le Dr Milcent, résumant ses devanciers sur la question de la ciguë socratique, écrivait dans l'*Art médical:* — D'après Haller (*Hist. stirp. helv.*), ce qu'Hippocrate, Dioscoride, Galien ont dit du κώνειον se rapporte à la ciguë vireuse. Suivant Pline, on confondait sous le nom de ciguë toutes les plantes vénéneuses. Le breuvage empoisonné

(1) Schulze. *Toxicologia veterum.* Halæ, 1788. — Fodéré. *Médecine légale.* — Mérat et Delens. *Dict. univ. de matière médicale.* — Christison, *on poisons,* 1845. — Bennet. *Edinb. med. Journal,* 1845.

(2) Guainerius. *Opus præclarum,* 1534. — Bœcler. *Hermanni cynosura materiæ medicæ,* 1726. — Steger. *Diss. de cicuta Atheniensium,* 1734. — Mead. *Opera.* Paris, 1757. — Desbois de Rochefort. *Matière médicale,* 1789.

(3) *Histoire naturelle des drogues simples.* Dernière édition.

dont se servaient les Athéniens portait ce nom (Steger); ce qui ne veut pas dire qu'il consistât exclusivement en une préparation de grande ciguë, ou même que cette plante entrât dans sa composition. Platon, dans sa relation historique de la mort de Socrate, ne se sert que du mot φάρμακον. Plutarque, il est vrai, dans la vie de Phocion, emploie une ou deux fois le mot κώνειον (v. *Dict. des sciences médicales*, art. *Ciguë*), mais il n'en est pas moins vrai qu'on n'a que des renseignements très-vagues sur la ciguë employée par les anciens (*Art médical*, t. I, p. 110) (1).

Une chose importante est à noter dans ce débat, c'est que toutes les objections qui ont été faites contre la ciguë athénienne sont venues exclusivement des modernes, tandis que dans toute l'antiquité pas un seul doute ne s'est élevé sur la plante qui a fourni le poison, ni sur la pureté du poison même.

En 1845, le professeur Bennet publiait une observa-

(1) On lit dans le *Nouveau dictionnaire de médecine et de chir. pratiques*, art. *Ciguë* : — On retrouve la grande ciguë dans le Midi et en Grèce, ce qui permet de croire que c'est la vraie ciguë des Athéniens. Sans vouloir juger cette question, nous croyons pouvoir affirmer que c'est bien elle que Pline, Dodoëns, etc., ont donnée et décrite comme ayant été la ciguë de Socrate et de Phocion. Pour les auteurs anciens, Fuchs, Tournefort, Rivin, elle se nommait *cicuta* et partageait ce nom avec plusieurs plantes de genres différents. C'est ce qui a porté Linné, qui le premier a soutenu l'opinion que nous défendons ici, à changer ce nom en celui de *conium*, qu'il a tiré de κώνειον, mot qui désignait cette plante chez les Grecs. Haller et d'autres après lui ont soutenu que la ciguë de Socrate et de Phocion était la *cicuta virosa;* la tradition est contre cette opinion, et de plus cette plante ne croît pas en Grèce. Il a semblé plus commode à certains auteurs, pour mettre tout le monde d'accord, de prétendre que la ciguë des anciens était une drogue composée, dans laquelle il n'entrait ni *conium* ni *cicuta*, mais des solanées vireuses. Cette assertion est encore à prouver. — (Aug. Ollivier et Georges Bergeron.)

tion d'empoisonnement par la ciguë que je reproduirai plus tard en entier. Il en faisait ressortir la parfaite similitude avec les accidents décrits dans la mort de Socrate, et reconnaissait qu'elle était toute en faveur de l'identité de la ciguë des modernes avec celle des anciens. Peu auparavant, le professeur Christison expérimentant la conicine sur les animaux, était frappé des symptômes qu'ils présentaient et de leur ressemblance avec le fait socratique; il citait à l'appui les vers de Nicandre sur la ciguë, et se montrait partisan de l'identité de notre ciguë vulgaire avec la ciguë athénienne (1).

Depuis lors, la question en est restée là sans que personne y ait touché. On a continué à débiter les mêmes erreurs sur la ciguë et le poison socratique.

Je reconnais que ce sont les travaux des deux professeurs d'Edimbourg qui m'ont poussé à examiner cette question scientifique. Il me semble qu'elle n'a été étudiée à fond ni de part ni d'autre. Je voudrais, dans ce travail, l'élucider complètement, interrogeant à la fois la botanique, la philologie, l'histoire, la physiologie et la thérapeutique; j'espère pouvoir démontrer que le grand sage de l'antiquité païenne est bien mort par la ciguë vulgaire et rien que par la ciguë.

CHAPITRE PREMIER.

Preuves botaniques.

La ciguë des anciens était positivement la *grande ciguë* des modernes, *conium maculatum*, L. Les preuves en sont nombreuses et d'ordres divers.

(1) Edinburgh philosophical Trans., vol. XIII.

La première et la plus importante doit être puisée dans les caractères botaniques que nous ont laissés les anciens sur la ciguë. Commençons par Dioscoride (1) : c'est le plus complet. Je cite textuellement la description qu'il donne de la plante : — Caulem edit *genicula-tum*, more *fœniculi*, *magnum*, foliis *ferulæ* similibus, sed *angustioribus* et *graveolentibus*. In cacuminibus sunt ramorum propagines et *umbellæ*, flos albidus : semen ceu *anisi*, sed *candidius*. Radix *cava*, non profunda. — Reprenons en détail.

Caulem edit *geniculatum*, more fœniculi : — Il suffit de comparer une tige de ciguë avec une tige de fenouil pour constater la ressemblance et l'état *géniculé*, mot qui nous a été conservé en langage botanique moderne et qui nous vïent évidemment de Dioscoride par voie latine. Le mot grec est γονατώδης.

Magnum. La tige de la ciguë est très-grande pour une plante herbacée, s'élevant à plus d'un mètre; d'où lui est venu plus tard le nom de grande ciguë, *cicula major*, lorsque les botanistes de la Renaissance ont

(1) Voici en note le passage complet de Dioscoride, moins les synonymes dont il est question plus bas : — « Conium... caulem edit geniculatum, more fœniculi, magnum foliis ferulæ similibus sed angustioribus et graveolentibus. In cacuminibus sunt ramorum propagines et umbellæ, flos albidus : semen seu anisi sed candidius. Radix cava non profonda. Est autem in lethalium venenorum genere quippe quod refrigerante sua vi necat: remedio vero est merum. Contusa summa coma antequam semina arescunt, succus exprimitur qui dein sole densatur ac cogitur. Hujus autem siccati multiplex est ad tuendam sanitatem usus, et vino mixtum collyriis anodynis idoneum est. Herpetas et erysipelata illitu restringit. Herba vero cum coma trita testibusque circumlita pollutionibus nocturnis opitulatur. Sed et genitalia illita effœta reddit. Lac ibidem restringit et mammas virginum crescere non patitur : puerorum quoque testes tabidos facit. Efficacissimum est creticum et megaricum et atticum tum id, quod in Chio et Cilicia provenit. » (L. 4. C. 79.)

commencé à la différencier de la petite ciguë, *cicuta
minor* ou *æthusa cynapium*. — « Supra tres non raro cu-
bitos assurgit, » disait Störck (1).

Foliis ferulæ similibus, sed angustioribus. Théophraste
avait déjà signalé cette ressemblance avec la férule,
ferula communis, L. Ce détail botanique est des plus
exacts; j'ai pu le vérifier sur des herbiers, et sur la
plante fraîche elle-même, en retournant à Nice au mois
d'octobre dernier. Quand j'ai vu la feuille de la férule,
j'ai été frappé de cette ressemblance : il n'y a presque
de différence que dans l'odeur. C'est une des meilleures
preuves botaniques en faveur de notre thèse.

Et graveolentibus. L'odeur si caractéristique de la
ciguë est ici signalée par Dioscoride; Pline en dit autant : *gravi odoratu*. Cette odeur fétide, *sui generis*, est
notée par la plupart des botanistes et toxicologistes
modernes. Schulze disait : *tetrum odorem;* Störck et
Bergius (2), *odor murinus*. — La grande ciguë fraîche
répand au loin, dit Gillibert (3), une odeur nauséabonde
particulière. — Christison parle de cette odeur de souris
ou de rat; il ajoute que le suc de ciguë traité par la potasse caustique développe l'odeur fétide de la conicine.
Suivant Taylor, toutes les parties de la plante triturées
exhalent l'odeur de l'urine de chat; par l'addition de
potasse caustique, l'odeur de souris. — Il est à noter
que la ciguë en voie de dessiccation exhale encore mieux
son odeur. Le peuple, qui est toujours le premier des
nomenclateurs, a fait depuis longtemps en Allemagne
un synonyme de la ciguë en rapport avec cette odeur,

(1) *Libellus quo demonstratur cicutam....*, 1764.
(2) Bergius. *Materia medica*, 1778.
(3) Gillibert. *Démonstrations de botanique.*

en nommant cette plante *Mauseschierling*, *ciguë de rat* :
C'est ce qui explique même pourquoi Tabernæmontanus avait nommé la grande ciguë dont il donne une
bonne figure, la ciguë fétide, *cicuta fætida*, *stinkender
Schierling*. J'insiste sur ce fait d'odeur (1), parce qu'il
est capital dans ce débat, attendu qu'il est traditionnel,
appartenant spécialement à la ciguë, et nullement aux
deux autres ciguës et autres ombellifères vénéneuses
que l'on serait tenté de confondre avec la ciguë antique.
Cette preuve me paraît une des meilleures à l'appui de
l'identité de notre ciguë vulgaire avec le κώνειον de Dioscoride. Le botaniste Morison prétendait avec raison
que la puanteur de la ciguë la distinguait essentiellement des autres genres.

In cacuminibus sunt ramorum propagines et *umbellæ*.

(1) Cette plante est narcotique; il ne serait pas prudent d'en respirer
longtemps l'odeur; il y a des exemples de personnes tombées dans une
espèce de léthargie, pour s'être endormies dans les champs où il y en
avait beaucoup. Dans ces cas, on éprouve de la somnolence et une fatigue très-désagréable. (Desbois de Rochefort.)

On lit encore dans Mérat et Delens : — Toute la plante répand, surtout étant froissée, une odeur fétide, musquée ou de cuivre, qu'on a
comparée à celle de l'urine de chat et qui est susceptible de causer une
sorte de narcotisme, lorsqu'on la respire trop longtemps (Journal de
pharmacie, in-4, 99). Ce qu'il y a de remarquable, c'est que cette odeur
se fait plus sentir dans la plante entière que contuse, et sèche, que récente (Fée).

Pereira dit qu'on a comparé cette odeur à celle des cantharides
fraîches.

Et avant tous ces modernes, Cæsalpin avait dit depuis longtemps :
— « Cicuta in solo pingui frequens est prope urbes... gravi olente ut
prope accedentibus quasi *murium fœtor* videatur et *diutius observantibus
capitis gravitas* accedat » (Cæsalpinus, *de plantis*. Florentiæ, 1583).— Nous
verrons plus tard aux preuves physiologiques que Boerrhave éprouva
sur lui-même ces accidents. Ruellius ajoute même un fait particulier,
relativement à l'époque où se développe l'odeur caractéristique : — « Cicuta *non ignota planta*, tetro se prodit odore *adulta*. » (*Commen. in Dios-
coridem*.)

Les divisions de la ciguë appartiennent de préférence à la partie supérieure. Il est ici question de l'ombelle, caractère fondamental de la famille qui renferme la ciguë. Le mot latin *umbella* correspond exactement au mot grec σκιάδια. *Umbellæ fastigia occupant*, dit Störck.

Flos albidus. « Candidi in his sunt flosculi, » dit encore Störck : de même tous les botanistes.

Semen ceu anisi, sed candidius. — J'ai voulu vérifier le fait en comparant les graines d'anis et de ciguë. A l'œil nu, la différence de coloration n'est pas très-sensible, mais à la loupe, elle est très-marquée, ainsi que je m'en suis assuré. Si Dioscoride et Pline, comme il est dit plus bas, ont comparé la graine de ciguë à la graine d'anis, c'est qu'elles ont beaucoup de ressemblance entre elles, qu'il est très-facile de les confondre, confusion qui a été faite plus d'une fois dans les pharmacies. Il y a près de vingt-cinq ans, quelques journaux de médecine citaient un cas d'empoisonnement survenu par la confusion de semences d'anis avec celles de ciguë. La plupart des botanistes de la Renaissance ont signalé cette ressemblance : il faut y voir une preuve de plus de l'identité de la ciguë antique avec notre ciguë vulgaire.

Radix cava, non profunda. — En incisant les racines de ciguë un peu vieilles, on trouve de petites cavités, semblables aux cavités médullaires des os ; fait du reste commun à beaucoup de vieilles racines. Celle de la ciguë est pivotante comme celle du panais, facile à arracher. Elle n'est pas profonde, quoiqu'elle ait une certaine longueur. *Radix dodrantalis, crassitudinis digiti, cava est internis, prius autem solida* (Störck).

Pline (1) donne aussi quelques caractères botaniques de la ciguë : — *semen habet noxium*, caulis autem et *viridis...* *levis* hic et geniculatus ut calami, *nigricans*, altior sæpe binis cubitis, in cacuminibus ramosus ; folia coriandri teneriora, gravi odoratu, semen *aniso crassius*, radix concava. — Le naturaliste romain répète Dioscoride d'une part, et le complète sur certains points qu'il faut signaler.

Semen habet noxium. La vénénosité des graines de ciguë est amplement confirmée par l'observation moderne. MM. Devay et Guilliermond ont établi que les semences de ciguë renferment, à l'époque de leur entière maturité, de la conicine en plus grande proportion, et que ce principe y est contenu dans un état concret tout particulier qui le rend pour ainsi dire inalté-

---

(1) Voici le chapitre entier de Pline sur la ciguë : — Cicuta quoque venenum est, publica Atheniensium pœna invisa, ad multa tamen usus non omittendi. Semen habet noxium, caulis autem et viridis estur a plerisque in patinis; levis hic et geniculatus ut calami, nigricans, altior sæpe binis cubitis, in cacuminibus ramosus ; folia coriandri teneriora, gravi odoratu, semen aniso crassius, radix concava, nullius usus. Semini et foliis refrigeratoria vis ; sic et necat ; incipiunt algere ab extremitatibus corporis. Remedio est, priusquam perveniat ad vitalia, vini natura excalfactoria ; sed in vino pota irremediabilis existit. Succus exprimitur foliis floribusque ; tunc enim maxume tempestivus est ; semine trito expressus et sole densatus in pastillos necat sanguinem spissando ; hæc altera vis et ideo sic necatorum maculæ in corporibus adparent ; ad dissolvenda medicamenta utuntur illo pro aqua. Fit ex eo et ad refrigerandum stomachum malagma ; præcipuus tamen est ad cohibendas epiphoras æstivas oculorumque dolores sedandos circumlitus ; miscetur collyriis et alios omnes rhumatismos cohibet ; folia quoque tumorem omnem doloremque et epiphoras sedant. Anaxilaus auctor est mammas a virginitate inlitas semper staturas ; quod certum est, lac puerperarum mammis imposita extinguit veneremque testibus circa pubertatem inlita ; remedia quibus bibenda censetur non equidem præceperimus. Maxuma vis Susis Parthorum, mox Laconicæ, Creticæ, Asiaticæ, in Græcia vero Megaricæ, deinde Atticæ. (L. 25. C. 95. Ed. Sillig.)

rable, tandis que, dans le reste de la plante, ce même
principe, souvent assez abondant, se trouve dans un état
qui en facilite l'évaporation et la prompte décomposi-
tion, même par le seul effet de la manipulation phar-
maceutique. Schroff (de Vienne) a constaté aussi la su-
périorité des semences de ciguë sur les autres parties
de la plante. Cette vénénosité des graines est confirmée
par la manière dont les anciens préparaient leur extrait, d'après Dioscoride, et aussi par le grand usage
qu'ils faisaient des semences, comme on peut le voir en
maints passages de Celse et de Galien. Chose remarquable, Pline affirme la différence de force de l'extrait
fait avec les graines : — succus *semine trito* expressus et
sole densatus in pastillos necat sanguinem spissando ;
hæc altera vis.

Caulis *viridis... levis... nigricans.* La tige de la ciguë
est, en effet, verte, lisse (1) ; Pline ajoute qu'elle est noirâtre. Ce mot *nigricans* ne peut évidemment s'appliquer
qu'aux taches noires ou purpurines qui parsèment la
tige. Il ne peut pas signifier que la tige est d'un vert
noirâtre : les deux mots *viridis, nigricans,* n'appartiennent pas à la même phrase et sont séparés par une
douzaine de mots : — caulis autem et *viridis* estur a plerisque et in patinis ; levis hic et geniculatus ut calami,
nigricans. Ce devait être probablement les jeunes pousses
de ciguë qui servaient d'aliment : à cette époque, les
taches ne sont pas encore accusées ; avec le développe-

(1) L'état lisse de la ciguë est remarquable surtout pour une ombellifère : est-ce pour cela que les Allemands appellent la ciguë *Schierling,*
dont le radical *schier* a, entre autres significations, celle de lisse ? On lit
dans un vieux livre allemand de matière médicale (Becher, *Parnassus
illustratus medicinalis.* Ulmæ, 1663), que la tige de la ciguë est lisse,
schier, comme celle du fenouil.

ment complet de la plante, la tige devient *nigricans*.
Christison a vu dans le mot *noirâtre* une objection contre
l'identité de la ciguë antique avec la ciguë moderne, attendu que les taches sont réellement rougeâtres et non
noires. Cette objection ne repose que sur une nuance
délicate de couleur. Les taches de la ciguë, quand elles
sont très-chargées en matière colorante, paraissent
réellement noires. Pereira dit avoir trouvé des échantillons avec cette nuance. Nombre de botanistes se sont
servis de l'expression *noirâtres*. De Candolle dit noirâtres
ou purpurines. Orfila, dans l'avant-dernière édition de
sa Toxicologie, parle de taches d'un brun noirâtre ou
purpurines. Le peuple allemand, dans ses nombreux
synonymes, avait nommé la ciguë *persil taché de sang,
Blutpeterlein*. Ces taches sont si caractéristiques que
Linnée s'en est servi pour désigner l'espèce, *conium maculatum*. Ray compare la tige à une peau de serpent :
ce qui a fait donner, suivant lui, à la plante le nom de
serpentaire (1). Ces taches si saillantes avaient dû naturellement frapper les regards observateurs des anciens. Elles ont, dans l'espèce, une valeur différentielle
majeure; car parmi les ombellifères d'Europe, il n'y a
que deux espèces qui offrent des taches analogues à
celles de la ciguë. Christison cite le *chærophyllum temu-
lentum*, plante fort commune et qui a pu être connue des
anciens; mais sa tige est sillonnée, hérissée de poils
rudes et bien inférieure en grosseur à celle de la ciguë.
Sur ce point, comme sur les autres caractères, la confusion n'est pas possible. Il faut ajouter le *chærophyllum
bulbosum :* ici, la ressemblance est frappante; car la tige
est lisse, forte, et Gillibert a eu parfaitement raison de

____

(1) Ray. *Historia plantarum*. Londini, 1686.

dire que cette plante est *tachetée comme la ciguë*. Mais les anciens n'ont pu faire de confusion à ce sujet, attendu que le cerfeuil bulbeux est une espèce du nord-est de l'Europe, n'existant ni en Grèce ni en Italie.

Le mot *nigricans* de Pline est précieux : avec l'odeur fétide, il affirme une fois de plus l'identité de la ciguë des anciens avec notre ciguë vulgaire. Ainsi tombe l'objection tirée du silence de l'antiquité sur les taches de la ciguë, puisque Pline en a réellement parlé. Schulze a donc eu raison de dire : — *Conium maculatum caule variegato maxime distinguitur.*

Folia coriandri : comparaison très-exacte, y compris l'adjectif *teneriora.*

Semen aniso crassius. Non-seulement la semence de la ciguë est plus blanche que la graine d'anis, mais elle est un peu plus volumineuse. La similitude des deux graines n'avait pas non plus échappé à Pline : ce qui l'a forcé à signaler cette différence.

«Caulis autem et *viridis estur* a plerisque et in patinis. » Pline affirme donc que, de son temps, il était d'usage de manger des tiges de ciguë. On a fait de ce texte une objection contre l'identité de notre ciguë avec celle des anciens (Guersent). J. Lanzoni (Boneti. *Sepulchretum,* 1700) s'étonnait de ce qu'un homme aussi grave que Pline avait pu avancer pareil fait au sujet d'une plante aussi vénéneuse. Cette objection n'a pas grande valeur : elle tourne même au profit de notre thèse.

On lit dans Mérat et Delens : « Il paraît que la température du climat influe sur les propriétés de la ciguë : plus il est chaud, et plus elles sont actives. Dans les pays tempérés ou dans les lieux qui, par leur élevation, les représentent, cette plante paraît bien peu énergique. J. Colebrook se plaint de ce que l'extrait de ciguë d'Angleterre est presque sans action, et qu'il faut se servir de la plante fraîche. M. Steven assure que, dans la Crimée, elle est si peu redoutable, que les paysans la mangent. Celle de nos provinces méridionales est plus active que celle du reste de la France, d'après M. Larrouture. C'est en Espagne, en Italie et en Grèce, qu'elle paraît jouir de toute l'énergie dont elle est susceptible. M. Morris trouve que celle de Portugal est infiniment plus efficace que celle de Vienne. On remarque même que, dans les étés chauds et à une exposition du midi, le conium a plus d'activité que dans des circonstances contraires. Pour que la plante soit dans sa plus grande force, il faut la cueillir à l'époque de sa floraison, qui est à peu près vers la fin de juin dans notre climat, pour en faire l'extrait qui est la préparation la plus usitée, ou, si on veut la conserver, la sécher à l'ombre et la serrer dans des vases opaques, clos, à l'abri de l'air et de la lumière, qui l'altèrent, sans pourtant lui ôter toutes ses propriétés; elle est moins âcre alors, mais le principe résineux actif y subsiste. » (*Dict. de mat. médicale*, art. *Conium.*)

Scaliger, cité par Wepfer, affirmait que, de son temps, on mangeait avec délices, en Piémont, la racine de ciguë en salade. Or, cette racine varie beaucoup d'activité suivant les saisons (Christison, Orfila). La proportion de conicine dans toute la plante varie probablement selon les saisons; ce qui explique qu'il est des pays où l'on mange impunément des racines (Taylor). D'un autre côté, la racine est la partie de la plante qui contient le moins de principe actif (1).

(1) Quelles que soient ces affirmations rassurantes à l'endroit de la racine, il n'en est pas moins vrai que plusieurs empoisonnements ont

Clusius raconte, au chapitre de la ciguë, dont il donne une bonne figure, qu'à Vienne, en Autriche, on vendait, de son temps, au commencement du printemps, des racines de cette plante avec les jeunes pousses, et qu'on les servait sur les premières tables, après les avoir fait cuire, en les assaisonnant avec de l'huile, du vinaigre et du sel (1).

Nombreux sont les cas de ciguë avalée impunément. M. Gautier-Lacrose, pharmacien distingué de Clermont-Ferrand, m'a assuré avoir pris, sans accidents, 6 gr. d'extrait de ciguë qu'il avait préparé lui-même. Christison considère l'extrait comme une préparation très-incertaine, la conicine étant facilement décomposée par la chaleur. M. Deschamps, d'Avallon, a fait avaler 15 gr. d'extrait à un chien, sans que l'animal fût incommodé. Réveil a vu administrer, à l'hôpital des Enfants, ce même extrait à la dose de 4 grammes : les effets physiologiques furent nuls chez le petit malade (2).

eu lieu avec cette partie de la plante, comme on le verra aux preuves physiologiques.

(1) Novo vere, in hortis et herbidis Viennensis agri locis prodit : nascitur et quibusdam similibus Ungariæ locis. Eo tempore radices firmiores et magis succulentæ cum novellis suis foliis in Viennensi foro venales reperiuntur : coquuntur enim et cum oleo, aceto et sale primis mensis istic vulgo inferuntur, quam salubri cibo, nescio (Clusius. *Historia plantarum*, 1601).

(2) En plein moyen-âge, l'usage interne de la ciguë était à peu près tombé en désuétude. Au commencement du treizième siècle, Platearius disait qu'on ne s'en servait pas à l'intérieur à raison de ses qualités vénéneuses. Les anciens en mettaient, il est vrai, dans leurs médecines, mais les corps étaient plus forts, *quia corpora tunc erant fortiora*. Les racines sont la partie la plus active, puis les feuilles, en troisième lieu les semences, *unde semen ejus quandoque in medicinis ponitur* (*De simplici medicina*. C. 22).

Nicolas Præpositus, de l'école de Salerne comme Platearius, fait figurer les semences de ciguë parmi les graines que doit avoir un apothicaire; il ne parle d'aucune autre partie de la plante; d'après Saladin, elles doivent être cueillies au mois de juillet.(*Dispensarium Nicolaï Præpositi ad aromatorios. Parisiis*, 1564.)

La véritable cause de l'efficacité ou de l'inertie de ces préparations tient à la présence ou à l'absence du principe actif de la ciguë, la conicine. Elle est extrêmement

Il ne faut pas s'étonner que Reneaume (Renealmus), médecin et botaniste français, ait été cité après la Renaissance, comme ayant osé le premier avant Störck administrer la ciguë à l'intérieur ; il se servait de la racine de ciguë en décoction, ou de ciguë desséchée à l'ombre, tandis que Ray employait la racine pulvérisée.

Frédéric Hoffmann recommandait dans le scorbut les racines de ciguë crues ou cuites, en faisant observer toutefois qu'il était survenu par ce traitement quelques accidents mortels. Théodore de Mayerne faisait des pilules *arthritiques* avec les semences de ciguë.

Arrive Störck qui se met à la tête de l'administration de ce poison. Il usait de l'extrait fait avec le suc réduit à feu lent, puis il y incorporait de la poudre de feuilles. Il ne précise pas l'époque de la récolte.

Bergius se conforme au procédé de Dioscoride, en disant : Succus impissatus parari debet ex succo herbæ, *sub fine inflorescentiæ, dum semina ponere incipit planta*, collectæ. » L'extrait se fait à un feu doux ; il ajoute que la maison où se fait l'extrait est toute empestée par l'odeur dégoûtante de la ciguë.

En 1783, la pharmacopée d'Edimbourg recommandait l'extrait des semences *à peine mûres*. Murray indique ce procédé, ainsi que celui de Störck. Mellin veut qu'on cueille la ciguë en juin (*Materia medica*, 1790).

Les plaintes que l'on fait contre la ciguë tiennent à la manière dont elle est préparée. Trop souvent on ne récolte pas la vraie plante, ou bien on la garde sèche durant des années, puis on fait l'extrait trop rapidement à un feu trop fort, laissant ainsi évaporer les parties volatiles ; il faut faire sécher chaque année à l'air libre les feuilles de la ciguë cueillies avant la floraison, sans les soumettre à la chaleur ; puis on les pulvérise de suite pour conserver la poudre dans des flacons bien bouchés, préparer l'extrait dans des vases de terre sur de l'eau chaude et non au feu, et alors on ne se plaindra pas de l'inactivité du remède. (Gesenius. *Arzneimittelehre*. Stendal, 1796).

La racine et les semences de cette plante sont plus actives que les feuilles, mais moins sûres (Desbois de Rochefort).

Le suc frais est ce qu'il y a de plus actif. Par infusion, l'huile éthérée reste unie à la résine ; par décoction, la première s'en sépare, si on ne la reprend pas par l'eau et si on ne la mêle pas à l'extrait. Une grande partie du principe actif se perd par l'épaississement du suc en faisant l'extrait, il faut le faire au bain-marie ; sans cela l'extrait a peu d'activité. Il doit avoir l'odeur de rat (Kretschmar. *Versuch einer Darstellung der Wirkungen der Arzneien*. Halle, 1800).

Les feuilles doivent être cueillies en juin, avant la formation des graines ; les dessécher fraîches, sans chaleur, d'après Hagen, rapide-

volatile et se décompose avec la plus grande facilité, se transformant très-facilement en ammoniaque, surtout lorsqu'on en approche seulement des vapeurs acides;

ment à la chaleur de l'étuve ou de l'étable, et les conserver dans des flacons bien bouchés (Bertele. *Arzneimittellehre*. Landshut, 1805).

Un médecin d'Edimbourg avait pensé que l'extrait préparé avec les graines de ciguë devait être plus efficace ; *l'expérience n'a pas justifié* cette opinion... la poudre de racine est plus active que celle des feuilles, l'extrait bien préparé l'emporte sur les feuilles pulvérisées, mais paraît inférieur à la poudre de racine (Guersent). Le même ajoute que les anciens donnaient intérieurement l'infusion de ciguë fraîche ou sèche. Je ne sais dans quel auteur de l'antiquité Guersent a puisé cela : je ne l'ai lu nulle part.

L'herbe doit être cueillie, lorque les graines veulent se former et être desséchées promptement à l'ombre (Pfaff. *Syst. der materia medica*. Leipzig, 1814). — L'extrait doit être préparé avec la plante pas trop jeune, surtout avec les graines presque mûres, à une chaleur lente et douce, et être employé ni trop frais ni trop vieux (Jahn. *Materia medica*. Erfurt, 1814). — Cueillir les feuilles de ciguë au commencement de juin, avant la floraison, sécher promptement à l'étuve et tenir bouché. Pour extrait, suc épaissi au bain-marie ; il doit être d'un vert-noir, odeur d'urine de chat, être fait chaque année. Cet extrait est toujours actif ; on ne doit commencer que par un grain, ne pas dépasser dix (Voigtel. *Arzneimittellehre*, 1817). La ciguë perd ses propriétés par la dessiccation. La plante sèche ne peut pas être employée, ainsi que l'extrait, s'il est préparé à la méthode ordinaire, et employé vieilli ; il faut le préparer au bain-marie (Vogt. *Lehrbuch der Pharmakodynamik*. Wien, 1831).

Les graines de ciguë, usitées autrefois, ne sont plus en usage (Bischoff. *Grundriss einer medic. Botanik*. Heidelberg, 1831).

Guibourt se'tait sur l'époque de la récolte de la ciguë ; le codex français se contente de dire que les feuilles doivent être cueillies avant l'apparition des fleurs.

Il suffisait de lire Dioscoride et Pline pour avoir un bon procédé de récolte et de préparation. Personne n'a songé à l'imiter et à le vérifier. Bergius et Hahn sont à peu près les seuls qui s'en soient rapprochés. A cette heure, le dernier codex français prépare l'extrait de ciguë avec des feuilles cueillies à l'époque de floraison, l'extrait alcoolique avec des feuilles sèches, plus l'extrait de semences, et tous ces extraits sont confectionnés au bain-marie, c'est-à-dire à une chaleur qui doit nécessairement altérer le médicament par la volatilisation de la conicine.

Le docteur Harley qui a expérimenté avec soin les diverses préparations de ciguë rejette la teinture de semences comme inefficace, quoique

ce qui explique pourquoi les acides ont été de tout temps indiqués comme contre-poisons de la ciguë, et comment on pouvait, du temps de Scaliger, manger impunément de la racine accommodée au vinaigre, la racine contenant d'ailleurs fort peu de principe actif.

Il faut citer MM. Devay et Guilliermond, dont les travaux jettent un grand jour sur toutes les questions : « Il est presque impossible, disent-ils, de conserver dans les préparations ordinaires de ciguë, un principe qui se décompose ou se volatilise avec tant de facilité, puisque, pour l'obtenir, on est obligé de soumettre la plante à tous les agents qui le détruisent si rapidement, telles que la dessiccation, la préparation de l'extrait à la chaleur et des évaporations... (Le principe actif est surtout contenu dans les semences. Elles contiennent 1 0/0 de conicine, tandis que les feuilles fraîches en contiennent dix fois moins...) Geiger et Christison ont observé que les feuilles sèches de ciguë et quelques autres extraits

Garrod, dans *British pharmacopæia* de 1864, lui reconnaisse la propriété de produire du serrement à la tête, des troubles dans la vue et de l'engourdissement des extrémités inférieures. Harley rejette à plus forte raison la teinture de feuilles sèches et l'extrait de Störck ; il est fâcheux qu'il n'ait pas vérifié l'extrait des anciens, formulé par Dioscoride. Il préfère ce qu'il appelle le *succus conii* qui n'est autre chose qu'une alcoolature faite avec le suc frais de la plante en fleurs dans la proportion d'un tiers. C'est tout simplement le procédé hahnemannien. « On prend la ciguë entière, dit Hahnemann, au moment où elle va fleurir, et on en exprime le suc qu'on mêle avec parties égales d'alcool. » Ce nom inexact et impropre de *succus conii* est une étiquette de passe à l'effet de déguiser l'origine de la préparation. Les homœopathes anglais ont déjà accusé le docteur Harley de *plagiarism* : à travers la Manche, il peut donner la main aux nombreux *pick-pockets* de l'homœopathie qui pullulent en France.

Cette note est *l'histoire des variations* de la ciguë quant au mode de préparation, à l'époque de la récolte et aux parties de la plante employées : ce qui peut expliquer en partie les divergences des auteurs sur la valeur du médicament.

de cette plante ne contenaient pas de conicine. Liebig affirme les mêmes résultats. Nous avons nous-même traité de grandes quantités de ciguë sèche, et nous n'en avons obtenu que des sels ammoniacaux. Les extraits et les autres préparations de ciguë perdent leur conicine lorsqu'ils sont soumis à l'action de la chaleur... (1) Ne désespérant pas de remplacer les préparations de ciguë jusqu'à ce jour, nous avons jeté les yeux sur les fruits de la ciguë. C'est au moment de son entier développement, alors que la plante entre en floraison, qu'elle contient la plus grande quantité de conicine, et que le principe est le mieux élaboré. Plus tard, il disparaît, et vient se fixer sur la semence, où il se concentre en grande quantité; il semble qu'il soit destiné à présider au phénomène de la fructification. Il se développe avec la fleur, et son réceptacle final est la graine... Non-seulement la conicine abonde dans la semence de ciguë, mais encore elle s'y trouve, pour ainsi dire, dans un état régulier et indélébile. Dans le reste de la plante, elle varie très-souvent d'activité et de quantité, suivant une multitude de circonstances... Geiger a trouvé de la conicine dans des semences qui avaient plus de seize ans. Une de celles sur lesquelles nous avons opéré nous-même avait été récoltée depuis plusieurs années (Devay et Guilliermond).

Grâce à ces recherches modernes, il est facile de comprendre comment Pline a pu dire que la ciguë était édule. Il est probable qu'on ne mangeait que les jeunes pousses, comme à Vienne, au dire de Clusius, *in tem-*

---

(1) Il n'y a rien de nouveau sous le soleil. Galien avait signalé cette influence de la chaleur sur la ciguë : Mandragore et *cicuta* et psyllium brevi spatio igni admota proprium adhuc temperamentum servant: *largius autem excalefacta illico corrumpuntur*, nec quicquam eorum amplius efficere quæ prius poterant, valent. (*De temperamentis*, L. 3.)

pore verno. Le texte de Pline même le fait supposer : il
parle de tige qui est mangée verte, *caulis autem et viridis
estur,* et plus bas, dans une phrase séparée, de tige
noirâtre, *nigricans.* Cette opposition ne permet-elle pas
de croire à deux époques différentes? D'ailleurs, la tige
eût-elle été récoltée verte ou noirâtre, on devait la manger en salade ou toute cuite, et neutraliser ainsi l'action
de la conicine par le vinaigre ou la chaleur.

Il ne faut donc plus s'étonner, comme Lanzoni, du
dire de Pline. On peut manger, *sous conditions,* de la ciguë; il est encore des pays où l'on en mange, et cette
coutume, dans les limites posées de tige, de saison et de
préparation culinaire, paraît scientifiquement fondée.
En combien de contrées ne mange-t-on pas aussi la
morelle noire, *solanum nigrum,* en guise d'épinards?

On ne peut donc plus soutenir que les anciens com-
prenaient sous le nom de ciguë plusieurs espèces d'ombellifères, en se fondant sur ce que Pline a dit de la
ciguë édule, ainsi que l'ont prétendu Guersent et
da Camara (1).

Dioscoride et Pline ont encore comparé la ciguë à
d'autres plantes : ces rapprochements vont fournir de
nouvelles preuves en faveur de la thèse que nous soute-
nons.

Suivant le premier (L. 3), l'*oreoselinon* ou *apium monta-
num* a ses rameaux et capitules semblables à ceux de la
ciguë, mais plus ténus. On a pensé que l'*oreoselinon* de
Dioscoride était le cerfeuil cultivé ou l'*athamanta libano-
tis;* on pourrait encore soutenir que c'est le *peucedanum
oreoselinon.* Quoiqu'il soit difficile de trancher la question, il est positif que Dioscoride a parlé ici d'une espèce

____

(1) Da Camara. *Etudes sur les ombellifères vénéneuses,* thèse de Mont-
pellier, 1857.

de persil « *apium,* » qui n'est pas le persil cultivé, mais qui y ressemble, témoin le nom. Or, l'on sait que, dans tous les livres de matière médicale et de toxicologie, on signale la confusion possible de la ciguë avec le persil, à raison de leur ressemblance. L'historien Strabon, comme il sera dit plus tard, parle aussi d'un poison, usité en Espagne, extrait d'une plante *semblable* au persil, poison qui ne pouvait être que la ciguë. Dioscoride (L. 3), en parlant du *seseli peloponense,* compare ses feuilles à celles de la ciguë, ce qui est exact ; seulement elles sont plus larges et plus épaisses. D'après de Candolle (*prodromus*), ce seseli serait l'*angelica sylvestris,* plante qui a beaucoup de rapports avec le *molopospernum cicutarium,* ainsi nommé à cause de sa ressemblance avec la ciguë.

Suivant Pline, le *myrrhis* a la plus grande ressemblance avec la ciguë vulgaire ; c'est une espèce plus petite, plus grêle, et fournissant un condiment agréable (1). Cette plante des anciens est le *myrrhis odorata* des modernes, souvent cultivé dans les jardins sous le nom de *cerfeuil musqué.* Cette ressemblance de la ciguë avec le *myrrhis* est si notable, qu'elle a été signalée nombre de fois par les botanistes. Déjà, de son temps, Mathiole disait que quelques botanistes donnaient au *myrrhis* le nom de *cicutaire.* Cæsalpin le nommait *cicutaria tertia ;* Gérard, *cicutaria tenuifolia.* Störck, sans se douter du dire de Pline, compare les feuilles du *myrrhis* à celles de la ciguë. Personne n'a insisté sur cette similitude autant que Ray, dans la description de la ciguë vulgaire : « Myrrhidi atque etiam magis cicutariæ odo-

---

(1) Murris quam alii myrizam, alii murram vocant, simillima est cicutæ cauli, foliisque et flore, minor tantum ei exilior, cibo non insuavis (L. 23, p. 92, ed. Sillig.).

ratæ tam similis est (cicuta vulgaris major) ut legenti-
bus plerumque damnosa sit parilitas, non satis accu-
rate eas distinguentibus : non alia enim radix est, non
alius caulis tricubitalis et inanis, lævis tamen, exuvii
serpentini indeque nomen indeptæ serpentariæ caulis
in modum maculosus : simili quoque est folio multifa-
riam partito glabro, odore ingrato... semen aniso par,
striatum, obscure viret, tota denique planta viroso
odore quo ab illis maxime differt, perniciem testatur. »

Par *cicutaria odorata*, Ray entend le cerfeuil musqué
ou *myrrhis* des anciens ; l'autre *myrrhis* dont il parle est
le cerfeuil sauvage, *anthriscus sylvestris*. Il a été question
plus haut de ce cerfeuil, pris souvent par les pharmaciens pour la ciguë (1). Au dire de Gillibert, cette ressemblance, au moins par les feuilles, l'a rendu avec raison suspect comme vénéneux, mais l'expérience n'a
pas prononcé, d'une manière décisive, sur ses mauvais
effets.

Ce rapprochement de la ciguë avec quelques ombellifères a d'autant plus d'importance que, d'une manière
générale, dans cette famille si naturelle, nombre de
plantes se ressemblent entre elles au premier aspect :
le soin qu'ont pris les anciens à comparer la ciguë plus
spécialement avec quelques-unes d'entre elles, comparaisons d'une grande exactitude, devient une preuve
sérieuse de l'identité de la ciguë des Grecs et des Romains
avec la grande ciguë des modernes.

Au dire encore de Pline, le géranium ressemble à la

-----

(1) Un membre de jury médical m'a raconté que, pendant de longues
années, les pharmaciens d'un certain département se servaient généralement du cerfeuil sauvage qu'ils prenaient pour la ciguë. Sans parler
des malades, sujet principal, je me demande ce que mes confrères devaient penser de l'action de la ciguë avec de pareils fournisseurs.

ciguë : « Geranion aliqui myrrin, alii myrtida appel-
lant : *similis est cicutæ*, minutioribus foliis et caule bre-
viori, rotundo, saporis et odoris jucundi (L. 26). Le synonyme *myrrin*, qui rappelle le *myrrhis*, vient à l'appui
de cette ressemblance. Plusieurs géraniums, en effet,
ont des feuilles qui se rapprochent beaucoup de celles
de la ciguë, surtout dans le genre *erodium*, comme
l'*erodium chærophyllum* et l'*erodium cicutarium*, qui doit
son nom d'espèce à cette similitude. Peut-être la description de Pline se rapporte-t-elle à l'*erodium moschatum*.

Avec les caractères fournis par Dioscoride et Pline,
un botaniste ne peut pas hésiter à reconnaître positivement le *conium maculatum* dans la ciguë des anciens.
Tout y est : le caractère fondamental de la famille,
l'ombelle; la tige grande, géniculée, lisse, verte et ma-
culée; les fleurs blanches; les graines vénéneuses,
semblables à celles de l'anis; l'odeur fétide et les res-
semblances de la plante avec la férule, la coriandre,
l'apium et le géranium. Les difficultés de détail qui
pourraient s'élever, viennent échouer contre cet ensemble de caractères.

Les recherches du colonel Sibthorp, qui a publié la
Flora græca en 1806, mettent le couronnement à cette
démonstration. Le botaniste anglais est venu nous apprendre que le *conium maculatum* était très-abondant
entre Athènes et Mégare; qu'on ne trouvait dans le
Péloponèse ni ciguë vireuse, ni phellandrie aquatique,
ni petite ciguë. L'antiquité avait affirmé la fréquence
du κώνειον dans toute la Grèce, jusque dans les lieux
indiqués par Sibthorp : « Efficacissimum est, disait
Dioscoride, Creticum, *et Megaricum et Atticum*, tum id
quod in Chio et Cilicia provenit. » On lit encore dans la

matière médicale du professeur Folchi de Rome : « Planta
biennis prope fossas aggeresque agrorum, pratorum-
que sepimenta crescens. Penes nos cicuta *Viterbiensis*
majore gaudet celebritate » (1). A Rome, comme à
Athènes, la ciguë était et se trouve excessivement commune. A deux mille ans de distance, Folchi cite encore
les lieux où elle jouit le plus de célébrité. Notons encore, comme preuve traditionnelle, que le mot κώνειον a
été conservé dans le grec moderne et s'applique à la
grande ciguë.

Si réellement Socrate est mort par la ciguë, ce qui est
incontestable, il n'a pu boire comme breuvage que le
suc du *conium maculatum*. Ainsi tombent, devant les
recherches de Sibthorp, une foule d'erreurs qui ont été
débitées à cette occasion. La ciguë vireuse n'a point
fourni le poison socratique. Il n'est pas impossible, vu
le manque de détails botaniques, de déterminer, d'une
manière précise, de quelle plante les anciens ont voulu
parler ; il n'est pas vrai que l'expression de κώνειον soit
une dénomination générique s'appliquant à plusieurs
plantes à peu près semblables, et que plusieurs espèces
de ciguë. maintenant connues, croissaient aussi en
Grèce (Guersent). D'un autre côté, l'opinion de Bonastre,
rapportant le poison grec au *datura ægyptiaca* ou à
l'*hyosciamus datura*, ne peut pas tenir devant la seule
description de Dioscoride, qui décrit positivement une
ombellifère et non point une solanée. Pourquoi les
Grecs qui avaient chez eux un poison aussi actif que la
ciguë, et en abondance, seraient-ils allés en demander
à des plantes rares et étrangères ? Évidemment, il n'y a
que la présence de la ciguë et sa grande vulgarité, qui

(1) Folchi. *Materix medicx compendium.* Mediolani, 1841.

aient pu, avec le temps, leur faire découvrir dans cette espèce un poison redoutable.

CHAPITRE SECOND.

Preuves philologiques.

On trouve dans Dioscoride, pour grand nombre de plantes, une foule de synonymes qui ont exercé le labeur de quelques anciens commentateurs : malheureusement ils n'ont point été étudiés par les philologues modernes. Ces synonymes paraissent être, pour la plupart, de Dioscoride; une preuve, c'est que Pline, qui était presque son contemporain, en a reproduit quelques-uns : il en est de même d'Oribase et d'Aétius. Ces synonymes divers sont romains, daces, gaulois, carthaginois, ibériens ou espagnols, égyptiens, babyloniens, étrusques (1) et dardaniens; ils sont empruntés aussi aux Athéniens, Arméniens, Eubéens, Mysiens, Lucaniens, Siciliens, aux peuples de Thrace, à Zoroastre et à l'école des prophètes (2).

(1) On trouve environ une dizaine de mots étrusques ou thusciens dans Dioscoride, comme synonymes de plantes. Ils ne paraissent pas avoir attiré l'attention des philologues qui se sont occupés des langues primitives de l'Italie. J'ai consulté à ce sujet le *Glossarium italicum* de Fabretti, ainsi que le remarquable ouvrage du comte de Crawford (*Etruscan inscriptions;* London, 1872). A propos des Etrusques, il est remarquable de voir Théophraste (L. 9, C. 15) citer en dehors de la Grèce, l'Etrurie, l'*Ager latinus* et l'Egypte, comme les pays les plus fertiles en médicaments. Il rappelle un vers d'Eschyle où les Etrusques sont dits habiles dans l'art des poisons : φαρμαχοπίον ἔθνος.

(2) On sait que dans l'antiquité les mages étaient des espèces de prêtres s'adonnant à l'étude de la médecine. Ils portaient surtout ce nom chez les Perses, tandis que chez les Assyriens, les Babyloniens et les Egyptiens, on les nommait prêtres ou prophètes. Ils jouissaient de grandes prérogatives, formaient des écoles, instruisaient les rois, qui souvent étaient pris parmi eux.

Peu de plantes offrent autant de synonymes que la ciguë : les voici dans le texte grec de Dioscoride. κώνειον οἱ δὲ αἴγυνος, οἱ δὲ ἤθουσα, οἱ δὲ ἀπολήγουσα, οἱ δὲ δολία, οἱ δὲ ἀμαύρωσις, οἱ δὲ παράλυσις, οἱ δὲ ἄφρων, οἱ δὲ κρηΐδιον, οἱ δὲ κοίτην, οἱ δὲ κατεχομένιον, οἱ δὲ ἀβίωτον, οἱ δὲ ἀψευδὴς, οἱ δὲ ἀγεόμωρον, οἱ δὲ τιμωρὸν, οἱ δὲ πολυανώδυνος, οἱ δὲ δαρδανὶς, οἱ δὲ κατάψυξις, ὀσθάνης βαβάθυ, αἰγύπτιοι ἀπεμφίν, ρωμαῖοι κικοῦταμ : — en tout, dix-neuf synonymes en dehors des mots grec et latin κώνειον et *cicuta*.

Dans mon embarras d'expliquer tous ces synonymes de la ciguë, je me suis adressé à qui de droit, en consultant M. Egger, membre de l'Institut. Voïci la note qui m'a été envoyée par l'illustre philologue : c'est une bonne fortune pour mon travail. Je la reproduis en entier.

Noms divers de la ciguë dans Dioscoride. — Je ne connais pas assez les procédés ordinaires de Dioscoride pour me prononcer sur les difficultés de cette étrange nomenclature. Voici seulement quelques conjectures sur ceux des termes synonymes ou épithètes de κώνειον où j'ai cru trouver quelque prise.

ἠθοῦσα (s. e. φαρμακεία?), celle qui passe ou que l'on passe au filtre. ἠθουμένη serait mieux en ce sens.

δολία, celle qui agit et empoisonne « par ruse », sans douleur, qui surprend par trahison.

ἀπολήγουσα, celle qui fait cesser la vie, autre variante de poison mortel.

ἄφρων paraît résumer l'idée qu'on expliquerait plus clairement par une périphrase : ἀφροσύνην ἐμποιοῦσα, celle qui éteint l'intelligence.

κατεχομένιον peut être, à la rigueur, un dérivé de κατεχόμενος, le possédé. Ce serait donc la drogue qui met en état de possession ou d'extase, que les Grecs ont quelquefois désigné par κατοχή.

ἀψευδὴς, celle qui ne trompe pas, ne manque jamais son effet.

ἀβίωτος, *non vitalis*, qui rend la vie impossible.

ἀγεώμορος, celle qui exclut du partage de la terre, qui raye du nombre des vivants?? Métaphore poétique.

τιμωρός, celle qui sert aux punitions. La ciguë était un des procédés réguliers pour l'exécution à mort.

δαρδανίς est peut-être le souvenir d'une provenance géographique.

βαβοθύ peut être un nom oriental (babylonien ou assyrien), que donnait à la ciguë quelque écrivain de chimie magique, nommé ὀσθάνης; le voisinage d'un nom attesté comme égyptien donne quelque vraisemblance à cette explication.

πολυανώδυνος, tout à fait sans douleur, est un composé bizarre, mais admissible, à la rigueur, pour le sens comme pour la forme. Pour le sens, il se rattacherai à δολία, expliqué plus haut.

ἀμαύρωσις, παράλυσις, κατάψυξις, sont autant d'effets de la ciguë agissant sur l'organisme; ils ne peuvent guère être des synonymes ni des épithètes de la plante elle-même.

κοίτη, le lit ou la couche, me rappelle que chez Platon (*le Criton*), dans le récit des derniers moments de Socrate, on voit l'esclave qui a fait boire le breuvage mortel au philosophe, lui recommander de *se coucher* dès qu'il sentira le froid (κατάψυξιν) gagner les jambes.

E. EGGER.

17 octobre 1873.

P. S. Tous ces noms féminins semblent mis en rapport avec *cicuta*, nommée à la fin, et qui est du féminin en latin, tandis que κώνειον est du neutre en grec. Cela permet de supposer que l'interprétation de la nomenclature en question est due à quelque scribe romain, qui aura dépouillé un lexique bilingue (dans le genre des *Interpretamenta* de Pollux, publiés par Boucherie dans notre tome XXIII des *Notices et extraits des manuscrits*), et qui aura mis ces diverses épithètes en accord avec la forme féminine (Hæc Egger).

Qu'il me soit permis de compléter sur quelques points la note du savant philologue.

Les mots αἴγυνος et κρήτιδιον restent sans explication : ils ne se trouvent pas dans le *Thesaurus linguæ græcæ* édité par Didot. Le premier mot se trouve répété dans Dioscoride au livre *de remediis parabilibus*, c. 132, où il conseille *ad mammarum affectus* une herbe *creticam dictam quam nonnulli* αἴγυνος *vocant*. Sprengel dit que le mot grec est un synonyme de la ciguë, d'origine probablement crétoise (1). L'application thérapeutique qui est signalée milite en faveur de cette plante, comme nous le verrons plus tard.

L'explication du mot κοίτη, donnée par M. Egger, me semble très-plausible. Philopémen, après avoir appris au fond de son cachot que Licortas et ses jeunes compagnons étaient hors de danger, s'assied, prend des mains du bourreau la coupe fatale, et après l'avoir bue, se couche comme Socrate et s'éteint sans exhaler la moindre plainte. On savait expérimentalement que le poison, paralysant surtout les membres inférieurs, forçait les condamnés à se coucher ; de là probablement le synonyme κοίτη donné à la ciguë, lit fatal, comme nous

(1) Sprengel. Voir ses notes dans l'édition de Dioscoride. Leipzig, 1829.

avons dit de nos temps : monter sur la charrette et l'échafaud.

Osthanes, dont il est question dans Dioscoride, appartenait à l'école des mages de l'antiquité. Pline, au livre 30, donne une foule de renseignements sur la magie ancienne : ce n'était au fond qu'un mélange de pratiques superstitieuses et d'applications thérapeutiques réelles. Il cite, parmi les coryphées de cette école, Osthanes qui vint, dit-il, répandre en Grèce son art merveilleux, lorsque Xerxès y porta la guerre. Le prince mage est cité huit fois dans Dioscoride à propos des synonymes de diverses plantes, *cyclamen*, *anemone*, *lilium*, *sideritis*, *hyoscyamus*, *buglossum*, *colocynthis* et *conium*.

Rossi (*Etymol. ægypt.*) a donné l'explication du mot égyptien ἀπεμφίν qui serait en rapport avec le trouble cérébral causé par la ciguë. Au fond, le mot grec κώνειον ne serait que la traduction du mot égyptien (Sprengel).

Quant au mot δαρδανίς, on peut proposer une autre explication à côté de l'explication géographique. Les anciens donnaient le nom d'arts dardaniens, *dardaniæ artes*, à des procédés magiques. Columella se sert de cette expression dans le sens de magie. Or, l'histoire nous a conservé le nom d'un mage célèbre, nommé Dardanus ; d'où est venue l'expression d'*artes dardaniæ*. Si l'on réfléchit que les mages, véritables médecins et toxicologistes de l'antiquité, étaient très-familiarisés avec l'étude des plantes vénéneuses, il est permis de supposer qu'on avait donné le nom de Dardanus à la ciguë vulgaire (1).

Contrairement à l'opinion de M. Egger, je suis porté

(1) Cfr. Paulli Manutii *Adagia*. Florentiæ, 1575.

à croire que les appellations diverses de la ciguë sont
de véritables synonymes et non des épithètes : on peut
en dire autant des synonymes des autres plantes qui
figurent dans Dioscoride. La meilleure preuve qu'on
puisse en donner, c'est la répétition incessante, *alii .
autem* ou *alii vocant*, que l'on trouve à l'endroit des synonymes. Ceux de la ciguë sont instructifs sous plus
d'un rapport. Le mot τιμωρός rappelle la peine légale ;
ἀψευδής, la sûreté du poison qui tue fatalement ; ἠθοῦσα,
la manière de le préparer, puisque c'était un suc de
plante qu'on était obligé de filtrer (1) ; ἀβίωτος, ἀγεώμορος,
ἀπολήγουσα, le résultat final qui était la mort ; δολία,
πολυανώδυνος, l'absence de douleurs dans ce genre de
supplice ; ἄφρων, κατεχομένιον, ἀμαύρωσις, παράλυσις, κατάψυξις,
les phénomènes physiologiques ou symptômes de la
ciguë ; κοίτη, une circonstance obligée de ce genre de
mort. Cette peine traditionnelle de la ciguë était naturellement faite pour frapper l'imagination des Grecs et
provoquer, au sujet de la plante vénéneuse, une explo-
sion de synonymes en rapport avec tous les accidents
déterminés par le poison. Dans notre langage moderne,
n'avons-nous pas aussi plusieurs manières d'exprimer
le supplice de la guillotine : l'échafaud, le couteau, le
couperet et autres?

Une conséquence importante ressort de tous ces synonymes de la ciguë, c'est qu'ils ont trait à une plante,
à une substance unique, quelle qu'elle soit : c'est une
plante qu'on filtre, qui tue sans douleur, qui détermine
l'amaurose, la paralysie et autres accidents ; elle sert
de poison légal. Donc ce poison était unique et n'était
pas mélangé à d'autres substances vénéneuses. Les an-

(1) Théophraste, L. 9, C. 17, dit qu'on filtrait le suc.

ciens auraient-ils pris le soin de créer les synonymes
amaurose, paralysie, etc., s'il s'était agi d'un poison composé? Dans cette hypothèse, Dioscoride n'aurait pas
appelé la plante qui le fournissait κώνειον; il n'aurait pas
dit que le κώνειον des Grecs était le *cicuta* des Romains.
Soutenir que la ciguë de Socrate était un poison composé, c'est dire que le nom grec et le nom latin n'ont
pas été donnés à un objet déterminé; ce qui est contre
le bon sens philologique. Donc les synonymes de Dioscoride démontrent, à leur manière, et l'unité de la ciguë
comme poison et l'identité de la ciguë des anciens avec
celle des modernes, attendu qu'il sera démontré amplement plus tard que les accidents d'amaurose, de paralysie et autres, appartiennent essentiellement à notre
ciguë (1).

Le mot grec κώνειον et le mot latin *cicuta* doivent être
examinés dans leur signification primitive. Les étymologistes ont fait dériver le premier du verbe grec κωνᾶν
qui signifie *vertere*, à cause du vertige et de l'affaiblis-

(1) Deux autres plantes dans Dioscoride ont reçu le surnom de *paralysis :* c'est la staphysaigre (delphinium staphysagria) et l'apocynum,
que les botanistes modernes croient être le *cynanchum erectum*. Les
travaux de Falck et Rörig (1852), de Léonide van Praag (1854) et d'Albers
(1858), ont amplement démontré l'action paralysante de la delphinine
sur les animaux. Dioscoride donne à l'apocynum les synonymes de *cy-
nanche, pardalianches, cynomoron;* ce qui indique déjà une plante vénéneuse. Le *cynanchum erectum* croît abondamment dans toute la Grèce.
Clusius raconte qu'il fit périr plusieurs chiens en leur faisant boire la
décoction de cette plante. Plenck rapporte que trente-six grains de cette
substance, administrés à un chien, lui occasionnèrent des vomissements
violents, des tremblements, des convulsions et la mort (Mérat et Delens).
Le *cynanchum arghuel*, qui sert à falsifier le séné, est purgatif comme
lui: c'est une espèce voisine du *cyn. erectum*. L'observation ancienne, par
la bouche de Dioscoride, a affirmé l'action paralysante de la ciguë, de la
staphysaigre et de l'apocynum; l'observation moderne est venue confirmer ce qui était connu depuis des siècles.

sement de la vue ou cécité, survenant chez ceux qui
boivent la ciguë : διὰ τὸν γινόμενον ἐιλιγμὸν καὶ σκότον τοῖς
πίνουσι, c'est l'*Etymologus* qui le dit, auteur qui remonte
à je ne sais quel siècle.

J'avais demandé à M. Egger l'étymologie du mot *cicuta :* sa note fait silence à ce sujet. Freund dit que l'étymologie en est inconnue (1). Quelle que soit mon incom-
pétence philologique, j'ai presque envie de soutenir que
cicuta a la même origine que *cæcus* ou *cæcutire*, être
aveugle. En ce cas, le mot latin ne serait que la traduction du mot grec qui signifie aussi bien aveuglement
que vertige ; d'ailleurs le vertige est essentiellement
lié à l'altération de la vue : κώνειον et *cicuta* ne seraient
que l'expression exacte de la nature. Il est remarquable
de voir combien ils concordent avec la physiologie de
la ciguë. Il y a bien longtemps que Dioscoride a dit : —
Conium epotum *vertigines excitat, oculorumque caliginem*,
ut ne tantillum quidem videant. Rappelons, en outre,
le synonyme *amaurosis*. Dioscoride met en première
ligne le symptôme vertige, comme symptôme dominant.
Cet accident pathogénétique sera longuement démontré
aux *preuves physiologiques*.

Si l'on veut me permettre de faire un peu de haute
philologie, je dirai d'après la grammaire de Bopp (2),
que *cæcus* a la même origine que *cocles*, formé du sanscrit *eca*, qui signifie *un*, et de *iks, voir ;* ce radical a
fait *loc* ou *oc* qui veut dire œil. De là est venu ὄκκος en
grec qu'Hesychius traduit par ὀφθαλμὸς, et ἄοκκος, privé
d'œil, que l'on trouve dans Vossius ; de là vient aussi

---

(1) Freund. *Grand dictionnaire de la langue latine.* Paris, 1855.
(2) Bopp. *Grammaire comparée des langues indo-européennes.* Paris,
1866-74.

 όπ par changement de consonne, ainsi que le latin *oculus*. On a dit *ec-ocles* ou *cocles* (1), *unus oculus* et *caicus* ou *cæcus* qui primitivement signifiait borgne, pour prendre plus tard la signification d'aveugle. De *cæcus* sont dérivés les divers noms latins du hibou, oiseau aveugle, fuyant la lumière : *cecua*, *cecunia*, *cecuma*, en grec κικυμίς, comme on peut le voir dans le dictionnaire de Ducange (2). Il cite Jean de Gênes qui fait dériver *cecunia* de *cecus*. Mais la meilleure preuve de la légitimité de cette étymologie, preuve qui a échappé à Ducange et autres, c'est le verbe grec κικυμώττω, qui signifie *cæcutio*, et le mot κίκυμος, qui veut dire aveugle.

Ces noms divers du hibou qui viennent positivement de *cæcus* expliquent très-bien les dégradations de voyelles qu'a subies *cicuta*. Le nom latin *cicina* a été donné aussi à un oiseau de nuit : il peut être rattaché à la même origine que *cecua*, *cecunia*. On lit encore dans Ducange : — *Ceculum*, vinum Campaniæ, vel vetus dictum quod *cæcet* et confundat ingenium. Toutes ces concordances philologiques semblent confirmer l'étymologie de *cicuta*, que j'ai cherchée longtemps et que je crois avoir trouvée. J'ai fini par rencontrer d'anciens étymologistes qui ont eu la même idée que moi. On lit dans les *Origines* d'Isidore d'Espagne : — Cicuta propter quod in thyrso geniculatos nodos habeat occultos ut canna : sic dicitur *fossa cæca*, quæ occulta est (3). Vossius, qui cite

(1) L'origine du mot *cocles* avait été, pour ainsi dire, entrevue par Varron. On lit dans Vossius (*Etymologicon linguæ latinæ*. Lugduni, 1664), au mot *cocles* : — originem ponit Varro, lib. 6, ab oculo, inquit, *cocles quasi ocles dictus*, qui unum haberet oculum.

(2) Ducange. *Glossarium ad scriptores mediæ et infimæ latinitatis.* — Voir aussi Fabretti. Glossarium italicum. Aug. taurinorum, 1858-64.

(3) Isidori, Hisp. episcopi. *Origines.* Basiliæ, 1577.

ce passage d'Isidore, ajoute : — Censet dici a *cæcus* id est occultus, quasi *cæcuta,* et inter nodia occulta. Tous les deux rattachent cette étymologie à une disposition anatomique de la plante, tandis qu'il faut, je crois, la rapporter à la propriété qu'elle a d'*aveugler* ceux qui sont empoisonnés par elle. Ce sens véritable se retrouve dans d'autres langues : ainsi on dit en portugais *cegar,* aveugler ; *cego,* aveugle, et *ceguda,* ciguë, comme on dit en latin *cæcare, cæcus* et *cicuta.* En anglais, la ciguë porte quelquefois le nom de *kecksy* ou *kex ;* ce dernier nom surtout est donné par le peuple dans le comté de Strafforshire à la ciguë vulgaire, d'après Samuel Johnson (1). On retrouve facilement dans *Kex* le κίκουτα ou cicuta des Romains.

Les mots grecs κώνειον et κωνᾶν viennent probablement du sanscrit *Kan* qui signifie *aveugle.* Si cette présomption est vraie, les mots κώνειον et *cicuta* ont tous les deux le sens d'aveuglement. Le nom grec et le nom latin ne sont que l'expression différente d'un même fait physiologique basé sur la propriété incontestable qu'a la ciguë de développer le vertige et l'amaurose.

Du grec κώνειον est dérivé κονίλη et *conila* en latin. Dioscoride le donne comme synonyme du myrrhis, plante comparée à la ciguë. On lit dans le vieux dictionnaire de Calepin : — Conila olus est *cicutæ simillimum* quod a Dioscoride myrrhis appellatur.

Complétons ces recherches philologiques en parcourant dans les langues modernes les différents noms et synonymes qui ont été donnés à la ciguë : il en ressortira plus d'un enseignement à des points de vue divers. Commençons par l'allemand : il n'y a pas de langue où les plantes aient autant de synonymes, et en particulier le *conium maculatum*.

En langue germanique, le nom propre de la ciguë est *schierling* : l'étymologie en a été donnée plus haut. On l'a nommée aussi *ciguë tachetée, gefleckter Schierling ;* ciguë des jardins, ciguë des murailles, *Garten-Mauer-Schierling*, à raison de ses stations ordinaires; ciguë puante, *stinkender Schierling ;* ciguë de rats, *Mauseschierling*, à raison de son odeur spéciale ; plante qui met en fureur, *Wuthschierling*, *Wütherich*, à cause du délire furieux qu'elle développe quelquefois ; plante qui rend fou, *Tollkrant; Tollkerbel*, cerfeuil qui donne la folie ; plante qui étrangle, *Würgerich :* nous verrons aux propriétés physiologiques que les sujets empoisonnés par la ciguë ne peuvent pas avaler ; plante qui corrompt, *Verderbt ;* plante ennemie, *Wiederig ;* persil sauvage , persil de chien, persil du diable, persil de chats, persil tacheté de sang, *Wilde petersilie, Hunds-Teufels-Blut-Katzenpetersilie ;* cerfeuil, *Kelber*, à raison de sa ressemblance avec cette plante ; herbe qui brûle, *Sangenkraut;* mort des oiseaux, *Vogeltod ;* herbe des chèvres, *Ziegenkraut, Ziegendill*, parce que les chèvres peuvent la manger impunément (2). Dans l'Allemagne du Nord, on

(1 Aless. Ghirardini. *Studi sulla lingua humana*. Milano, 1869.

(2) Les chèvres mangent la ciguë sans en paraître le moins du monde incommodées (Bulliard). Il y a bien longtemps que Lucrèce l'a dit en ces vers :

Quippe videre licet pinguescere sæpe cicuta
Barbigeras pecudes, homini quæ est acre venenum (V. 897).

Wood (*Treatise on therapeutics*. Philadelphia, 1856) prétend que les chevaux, les chèvres et les moutons mangent impunément la ciguë. Je ne sais si cela est vrai pour les moutons. C'est faux pour les chevaux, que l'on empoisonne très-bien avec le suc de la ciguë et la conicine, comme on peut le voir dans les expériments de Harley et de Roussel. Il no peut

nomme aussi la ciguë *Scharnpipe*, flûte des fumiers, ce qui rappelle sa tige fistuleuse et sa préférence pour les terrains animalisés. Il y a trois autres synonymes que je n'ai pu expliquer : *Berskraut*, peut-être plante qui crève ou fait crever; *Wogendunk* et *Vehdendunk*. Ces deux derniers doivent se rapporter à l'amaurose cicutaire à cause du mot *dunk* qui signifie obscurcissement. Peut-être *Wogendunk* veut-il dire obscurité des yeux (1).

En anglais la ciguë est appelée *Hemlock*. C'est là son nom vulgaire. Il a été question plus haut de *Kex*. Johnson le fait dériver du saxon *Hemloc*. Nemnich l'écrit en anglo-saxon, *hemleac*, *hemlyc* et *himlice*. *Hemlock* est évidemment un nom composé; plusieurs plantes ont en anglais la terminaison *lock* qui est le *lauch* allemand, qui signifie poireau ou oignon. Dans le bas-allemand du moyen-âge, comme on peut le voir dans un vieux *Arzneibuch* publié récemment à Gotha (2), on lit *ansloch* pour échalotte; c'est le *Johannislauch*; *husloch*, *semper-vivum tectorum*, la joubarbe, c'est le *houseleek* des Anglais; *knofloch*, *allium sativum*, c'est le *Knoblauch* allemand; *loch, allium; porloch, porrum sativum* — comme *hym* en vieux anglais veut dire chien, en se fondant sur l'anglo-saxon *hymlice*, on peut peut-être soutenir que *hemloch* a pu signifier primitivement *oignon* ou *poireau*

être question ici que de ciguë fraîche. — La ciguë, dit Chomel, est dangereuse aux chevaux. Quand un cheval a mangé de la ciguë, sa tête s'appesantit de sorte qu'il chancelle et laisse tomber sa tête contre les murailles (*Doct. œconomique*. Paris, 1732).

(1) Tous ces synonymes sont tirés du dictionnaire allemand de Heinsius (*Volkthumliches Wörterbuch der deutschen Sprache*. Hannover, 1818-22), et de l'ouvrage de Nemnich (*Allg. polyglotten-Lexicon der Naturgeschichte*. 1793-95). Ce dernier m'a fourni la plupart des synonymes empruntés aux autres langues.

(2) Karl Regel. *Der mittelniederdeutsche Gothaer Arzneibuch und seine Pflanzennamen*. Gotha, 1872.

de chien. — On peut donner aussi une autre étymologie plus rationnelle en faisant dériver *loch* ou *lice* du gothique *lih* ou *leik,* correspondant au *Leiche* allemand qui veut dire proprement cadavre. — *Hymlice* ou *hemloch* signifierait cadavre ou mórt de chien ou tue-chien, l'analogue de *tue-loup,* nom qui a été donné à diverses plantes, en particulier à l'arnica, *wolverlei,* qui vient de *wolves-lih,* en gothique *mort du loup.* L'arnica porte aussi en allemand le nom de *Wolfstod* qui a la même signification. — Toutes ces dénominations sont en rapport avec les propriétés toxiques de la ciguë et de l'arnica.

Passons aux langues latines. En espagnol, on dit *ceguda, ceguta, cicuta;* en portugais, *ceguda, cigude, segude :* Nemnich ajoute *Dardania.* Il est curieux que le synonyme grec de la ciguë δαρδανίς ait été conservé jusqu'à nos jours sur les rives du Tage. Les Italiens disent *cicuta.* En Sardaigne, la ciguë porte divers noms : *erba de cogas,* l'herbe des sorcelleries ou enchantements; *feurreda,* petite férule, à raison de sa ressemblance traditionnelle avec la férule commune, *feurra.* La férule qui est très-répandue en Italie et dans les îles méditerranéennes, y acquiert une grande hauteur; elle dépasse la taille d'un homme et sert de bois à chauffer. En Sardaigne, on en fait des chaises et des tabourets. Le botaniste Moris (1) donne deux autres synonymes sardes : *feurra pudescia,* férule fétide et *biduri.* En piémontais, *bidura* signifie action de boire, potion qu'on avale d'un seul coup. Le mot *biduri* serait-il une rémi-

---

(1) Moris. *Flora sardoa.* Taurini, 1840-43.
(2) Viss. Porru. *Nou dizionariu universale sardu italianu.* Casteddu. 1832.

niscence de la fameuse potion de ciguë administrée aux criminels dans l'antiquité? Au dire de Zalli (1), les paysans piémontais nomment la ciguë *sua;* il m'a été impossible de trouver l'étymologie de ce mot.

Dans son dictionnaire provençal, le Dr Honnorat donne pour synonyme de *cicuda*, *Ballundina*, de *balar*, danser, parce que, dit-il, l'usage intérieur et immodéré de cette plante donne lieu à des mouvements convulsifs qui ressemblent à des pas de danse. La ciguë est aussi appelée en provençal *juvert-fer*, *jubertina*, *juvertassa*, du mot *juvert* qui signifie persil, dont l'origine est le *jus vert* fourni par la plante. Aux environs du Mont-Ventoux on appelle la ciguë *juvert*, bâtard (2).

Toutes ces recherches sur les noms divers de la ciguë jettent une vive lumière sur son histoire. Il serait intéressant de poursuivre ces études dans d'autres langues; c'est ainsi qu'en russe cette plante est nommée *Boligolow*, qui signifie *mal de tête*, et *boliclaf* en langue tchèque avec la même signification. A priori et aussi d'après ce qui précède, tous ces noms doivent être en rapport avec ses propriétés vénéneuses. On peut même généraliser la question et soutenir que les noms des plantes vulgaires dans les langues primitives doivent être tirés de leurs caractères extérieurs et de leurs propriétés.

CHAPITRE III.

Preuves historiques.

Notre ciguë vulgaire a été positivement connue des anciens : c'est bien celle dont ils se sont servis sous le

(1) Zalli. *Dizionario Piemontese.* Carmagnola, 1830.

(2) Honnorat. *Dictionnaire provençal français*, ou *dict. de la langue d'Oc.* Digne, 1846.

nom de κώνειον ou de *cicuta*. Cela paraît suffisamment démontré par la botanique et la philologie.

I. Pouvait-il en être autrement? C'est une plante éminemment *sociale*. On la trouve sur les décombres, autour des habitations et des remparts des villes. Elle recherche les terrains à détritus organiques, surtout animalisés; c'est qu'il lui faut de l'azote pour faire son ammoniaque, si intimement unie à son alcaloïde. Cette plante si commune a une aire d'expansion très-étendue, comme celles qui suivent l'homme (1). Elle l'accompagne même jusqu'à sa tombe, puisqu'elle abonde dans les cimetières. Dans ces conditions, avec son odeur repoussante, ses taches, son port élevé, ses qualités vénéneuses, elle a dû nécessairement être toujours connue du vulgaire. Faut-il s'étonner que la ciguë ait été le poison habituel et légal des Grecs? N'avaient-ils pas sous la main un poison tout trouvé, facile à préparer, d'une activité prodigieuse? Fréd. Hoffmann fait observer avec raison que ce poison remonte à la plus haute antiquité, qu'il n'a pas existé chez les anciens un autre poison aussi connu, aussi habituellement employé. C'était, comme il a été déjà dit, le poison par excellence, le φάρμακον (2).

La ciguë est incontestablement la plante vénéneuse

(1) Avant la découverte du Nouveau-Monde, la ciguë était inconnue dans l'Amérique du Nord; depuis elle s'y est propagée avec la même rapidité que l'*erigeron canadense*, originaire de cette même Amérique, plante qui a envahi toutes nos campagnes. Wood (*Treatise on therapeutic and pharmacology*; Philadelphia, 1856) affirme qu'elle s'est naturalisée aux États-Unis, et que dans certaines contrées elle y est excessivement abondante.

(2) Desbois de Rochefort prétend que « les Grecs donnaient au breuvage dont ils se servaient alors le nom de φάρμακον, *nom qu'ils donnaient à tout médicament composé.* » Le mot grec n'a jamais signifié exclusivement poison composé; ce serait plutôt le contraire. Poison ou médicament, telle est sa véritable signification.

dont il a été le plus souvent question, tant chez les Grecs que chez les Romains, en dehors même des médecins qui naturellement en ont parlé. La mort de Socrate l'avait à jamais rendue célèbre; Théramène, Démosthène, Phocion, Philopémen l'avaient également bue dans la coupe fatale. Aristide consulta les prêtres du temple d'Esculape, qui lui conseillèrent la ciguë pour on ne sait quelle maladie. Androcyde, admonestant Alexandre, comparait le vin au poison de cette plante. Au dire d'Hésychius, l'athée Théodore fut condamné à boire la ciguë, du temps de Démétrius Phalère. L'usage des substances vénéneuses était très-répandu chez les Romains : il est probable que la ciguë était fréquemment employée (1). Sénèque mourant pria son médecin de lui apporter le poison athénien qu'il avait depuis longtemps en provision. Dion Cassius rapporte que le philosophe Euphrate voulut quitter la vie de son plein gré; l'empereur Adrien, pour lui éviter l'infamie du suicide, lui permit de boire la ciguë, tant à raison de son âge que de la maladie grave dont il

(1) J'ai parcouru les *Acta sanctorum* des Bollandistes pour savoir si la ciguë ou autres poisons avaient été employés parmi les nombreux supplices infligés aux martyrs. Les faits d'empoisonnement sont très-rares : cela devait être; la mort eût été trop douce. Saint Théopompe (2 janvier) et saint Victor (14 mai), martyrisés sous Dioclétien, avaient résisté à de nombreux tourments. L'empereur y vit de la magie, suivant l'opinion commune des païens; il fit venir un mage habile à manier les poisons, qui se fit fort de détruire les enchantements chrétiens, affirmant que les martyrs ne résisteraient pas aux substances vénéneuses. Saint Théopompe et saint Victor n'en ressentirent nullement les effets; les actes ne donnent pas le nom de ces poisons, qui furent administrés dans ce cas plutôt comme antimagiques.

La ciguë a été nommée une seule fois : c'est dans le martyre du fameux philosophe saint Justin (13 avril) : « Non quidem palam, disent ses actes, in stipitem aut crucem actus, sed post generose superata tormenta clam veneno sublatus, quemadmodum ex ecclesiasticis græcorum libris intelligitur. » C'est dans les *ménées*, martyrologe des Grecs,

était atteint. Perse, Juvénal, Ovide, Horace, en ont souvent parlé dans leurs vers. Ce dernier met en scène une vieille mère dont un fils libertin se débarrasse par la ciguë. Ovide l'appelle longue; le poëte Lucrèce, verte; épithètes qui sont en rapport avec les caractères extérieurs de la plante. Quand Columelle disait *mæstamque cicutam*, il indiquait évidemment notre ciguë vulgaire, d'aspect si triste et si sombre. Le mot même de *cicuta* avait pris l'acception de flûte, parce que primitivement sans doute les bergers avaient l'habitude de faire des chalumeaux avec les tiges creuses de la ciguë; c'est de là qu'était venu le mot *cicuticen*, joueur de flûte. Par suite, *cicuta* fut pris aussi en sens générique : — Latinis quælibet canna, intus concava et inanis (*Thesaurus linguæ latinæ*. Lugduni, 1573).

Un passage de Valère Maxime, dont il sera bientôt question, nous apprend que le poison athénien se conservait publiquement au sénat de Marseille. D'après Strabon, on se servait, en Espagne, d'un poison extrait d'une plante *semblable au persil* (1). Tous ces faits démontrent combien la ciguë était universellement connue. On peut citer encore comme preuve un passage de Galien, où, à propos des propriétés de la plante et sans donner sur elle le moindre détail, il se contente de que se trouve l'indication de la ciguë au jour de la fête de saint Justin :

ἰουστῖνον κώνειον ἤρεν ἐκ Βίου
Justinum cicuta abstulit e vita.

Évidemment on ne voulut pas ramener saint Justin à des supplices dont il avait triomphé : on s'en défit clandestinement, en l'empoisonnant par la ciguë.

(1) Hispanici quoque moris est toxicum proponere, quod illi absque dolore necans conficiunt ex herba quadam apio simili ἐκ Βοτάνης σελίνω προσομοίας (L. 3, c. 4). Le poison grec était donc connu des Romains, de la colonie phocéenne de Marseille et des Espagnols : il est permis d'en conclure qu'il était universellement usité. Cette plante vénéneuse, tuant sans douleur et semblable au persil, ne pouvait être que la ciguë.

dire : — Cicuta quod extremæ refrigerantis sit facultatis *omnes noscunt;* ce qui est répété exactement par Oribase, Aétius et Paul d'Egine, comme s'il était inutile d'insister sur un fait trop connu. Le botaniste Lobel avait donc raison de dire, il y a plus de deux cents ans : — cicuta qua flagravit olim infamia, vique pernecabili, *fuit semper notissima.* Mathiole en dit tout autant. J. Bauhin traite la ciguë « d'herbe mal famée dont il est question dans les vers de tous les poëtes et les commentaires des savants. » La notoriété de la ciguë est donc suffisamment établie.

II. Ici se présente une objection faite par Wepfer, l'auteur qui a le plus embrouillé la question. Frappé de la violence des symptômes de la ciguë aquatique, dans un empoisonnement de huit enfants dont il avait été témoin, il a écrit presque tout son livre pour démontrer que la ciguë n'était nullement un poison froid, comme l'avaient dit les anciens. Sans distinguer les espèces, il veut juger de la ciguë vulgaire par la ciguë aquatique, et comme le récit de la mort de Socrate est très-favorable à la théorie antique des poisons froids, il s'efforce, dans son idée préconçue, d'en atténuer la valeur, mettant en doute que le philosophe ait péri par la ciguë. Il prétend d'abord, ce qui est vrai, que Platon ne nomme pas la ciguë et se contente de dire φάρμακον ; puis il l'accuse d'avoir raconté la mort de Socrate plutôt en rhéteur qu'en médecin, et pour flétrir à jamais devant la postérité des juges iniques, d'avoir embelli à dessein ce récit magnifique qui arrachait des larmes à Scaliger.

J'ai déjà dit ce qu'il fallait penser du mot φάρμακον. Dans l'espèce, il ne peut signifier que la ciguë, puisqu'elle était le seul poison légal. Il sera démontré plus tard que Platon a décrit, avec une exactitude remarquable, les principaux accidents de l'empoisonnement cicutaire. Que Socrate ait bu la ciguë dans la coupe fatale, il ne peut pas y avoir le moindre doute sur ce point. Il est incontestable qu'à Athènes les condamnés à mort périssaient par ce poison. Les témoignages sont nombreux : ils sont dus à Dioscoride, Pline, Galien, à nombre de poëtes et d'historiens. Les érudits ont maintes fois cité ce vers de Juvénal, où le poëte reproche à l'ingrate Athènes de n'avoir su offrir à ses grands citoyens que la froide ciguë :

Nil præter gelidas ausæ conferre cicutas.

A *priori*, Socrate dut boire de la ciguë, et il en but positivement. Perse l'affirme dans ses vers, Lucien dans ses dialogues (1). Sénèque, qui voulut hâter sa mort par le même poison, n'a-t-il pas écrit cette phrase célèbre : *Cicuta magnum confecit Socratem?* Diogène Laërce, dans la vie du grand philosophe, écrit tout au long qu'il but la ciguë : ἔπιε τὸ κώνειον (2). Tertullien et saint Jean Chrysostome l'ont répété. Il y a bien assez de ces témoignages : j'en pourrais citer d'autres. En voici toutefois un dernier qui fournit un argument *utrinque feriens.*

Xénophon, au deuxième livre de son histoire grecque, nous apprend que Théramène, l'un des trente tyrans, fut condamné à mort, quoiqu'il eût été défendu par Socrate, et périt par la ciguë. Cicéron raconte sa mort dans les Tusculanes; sans nommer la ciguë, il se contente de dire que Théramène avala le poison comme

(1) Calido sub pectore mascula bilis intumuit
   Quam non extinxerit urna cicutæ (Perse, sat. V, 144).
      Barbatum hæc crede magistrum
   Dicere, sorbitio tollit quem dira cicutæ (id., sat. XIV, 1).
Au dialogue 21 de Lucien, à propos de l'entrée de Socrate aux enfers, Cerbère est cité αὐτόν δακών τῷ κωνείῳ.

(2) Diodore de Sicile (L. 18) en dit tout autant : καὶ πιὼν κώνειον, ἐτελεύτησε.

s'il avait eu soif : — Cum conjectus in carcerem triginta jussu tyrannorum, *venenum ut sitiens obduxisset*..... Ici l'orateur romain dit *venenum* tout court, comme Platon avait dit φάρμακον, et cela dans le même sens. Puis il ajoute, quelques lignes plus bas : — Vadit in eumdem carcerem atque in *eumdem* paucis post annis *scyphum* Socrates. Peu d'années après, Socrate fut jeté dans la même prison pour y boire à la même coupe. — Or, Théramène avait bu la ciguë; donc Socrate avala le même poison : fait incontestable, et si je m'amuse à réfuter un peu longuement Wepfer sur ce point, c'est qu'il a été répété par Mead, Guersent et bien d'autres.

Voici une dernière preuve tirée des proverbes (1). Il existait, dans l'antiquité, un vieil adage, dont voici la formule en latin : *tria Theramenis cavenda*. Aristophane et Ménandre y ont fait allusion dans leurs vers. C'est ce même Théramène dont il vient d'être question. Pendant qu'il faisait partie des trente tyrans, il avait, dit-on, décrété trois genres de peines légales : le pal, la ciguë et l'exil, ce qui donna lieu au proverbe ci-dessus. Suidas raconte, de son côté, qu'on avait l'habitude de condamner les criminels, soit à la décapitation par le glaive, soit à la noyade dans un filet, soit à la potion de ciguë. Il ne faut pas conclure toutefois du proverbe, que Théramène avait inventé la mort par la ciguë. Historiquement, il est le premier à avoir bu le célèbre poison. A cette époque, l'emploi médical du conium était déjà traditionnel; à plus forte raison, son emploi légal dans la mise à mort des criminels.

III. Les anciens n'ont dû connaître qu'une seule ciguë, la ciguë vulgaire. Schulze s'étonne qu'ils n'aient pas

____

(1) Paulli Manutii *Adagia*.

mentionné la ciguë vireuse. Elle n'existe pas en Grèce, pas plus que la petite ciguë. D'un autre côté, la ciguë vireuse est une plante relativement rare; on la trouve sur les bords marécageux des lacs, sur les terrains vaseux dont l'abord est souvent impraticable. Déjà Ray signalait les rares stations où il l'avait rencontrée. De notre temps, Bertoloni, dans *Flora italica*, indique les quelques lieux où elle se trouve en Italie.

On ne saurait faire objection contre cette thèse de plusieurs passages de quelques poëtes latins, où le mot *cicuta* est employé au pluriel; les textes même démontrent qu'il ne s'agit ici que d'un tour poétique. Peut-être le même mot, mis au pluriel, a-t-il été pris dans le sens générique de poison, comme aussi on est en droit de soutenir que, sous la forme du pluriel, le sens est singulier (1). Quoi qu'il en soit, on ne peut en inférer que

---

(1) Le vers de Juvénal a déjà été cité : *Nil præter gelidas ausæ conferre cicutas.*

 Et dare mista viro tritis aconita cicutis (Ovide, 3, *De arte*).

  Sed quod non desit, habentem

 Quæ poterunt unquam satis expurgare cicutæ

 Ni melius dormire putem quam scribere versus (Horace, L. 2, sp. 2).

Quelques commentateurs ont traduit le *cicuta* d'Horace par ellébore. Ce n'était pas nécessaire : *cicuta* paraît être pris ici dans le sens générique de poison, faisant peut-être allusion à l'ellébore.

On lit dans Pline (L. 23, c. 1) le passage suivant: « Merum quidem remedio est contra *cicutas*, coriandrum, *aconita*, viscum, meconium, argentum vivum... contraque omnia quæ refrigerando nocent. » Peut-on dire que *cicutas* est pris dans le sens générique de poison par rapport aux espèces qui suivent? mais le mot *aconita* s'y oppose. Peut-on soutenir, d'autre part, que *cicutas* est une faute de copiste? mais dans l'édition de Sillig, le singulier n'est nullement indiqué aux variantes des manuscrits. C'est du reste la seule fois que Pline se sert du mot *cicuta* au pluriel. Il faut nécessairement admettre que le mot latin mis au pluriel était également pris dans le sens du singulier. Je me fonde sur le passage de Pline où il a véritablement ce sens, et surtout sur Ter-

Imbert-Gourbeyre.   4

les anciens connussent plusieurs ciguës. Les textes si précis de Dioscoride, de Pline et de Galien démontrent que les mots κώνειον et *cicuta* correspondent à une seule et même espèce végétale parfaitement déterminée.

La distinction des ciguës n'a guère commencé qu'au XIIe ou XIIIe siècle. On en trouve le premier document dans Pierre d'Abano, le *conciliator*. Déjà, à propos de la tradition galénique, la question se posait de savoir si la ciguë était réellement chaude ou froide. Le conciliator trouvait la solution, en disant que la ciguë terrestre ou vulgaire était chaude, et la ciguë aquatique, froide. Quant à la petite ciguë, elle n'a été signalée que par les premiers botanistes de la Renaissance. C'est Tragus qui en a parlé pour la première fois, sous le nom de *petroselini vitium;* Cordus l'appela *cicuta minor;* Tabernæmontanus, *petroselinum caninum*, ce que Linnée traduisit plus tard en *cynapium*.

Les traditions de la ciguë des anciens ne pouvaient pas périr à travers les successions des peuples. Une plante aussi commune, aussi remarquable que la ciguë, était fatalement acquise à la connaissance et à la mémoire de tous. Notez que la ciguë a toujours eu un nom

tullien dans son traité *De anima*, lorsque, parlant de la mort de Socrate, il se sert de ces expressions : *jam cicutis damnationis exhaustis.*

Nous avons vu plus haut Juvénal, Ovide et Horace dire *cicuta* au pluriel dans un sens singulier. Les vers suivants rapprochés des autres, prouvent qu'on employait indifféremment *cicuta* dans les deux nombres et toujours dans le sens du singulier.

> Calido sub pectore mascula bilis intumuit
> Quam non extinxerit urna cicutæ (Perse, sat. V).
> Barbatum hæc crede magistrum
> Dicere, sorbitio tollit quem dira cicutæ (id., sat. XIV).

On a donc tort d'arguer du mot *cicuta* pour soutenir que les anciens nnaissaient plusieurs ombellifères vénéneuses.

distinct dans presque toutes les langues. Le peuple, avec ses rhizotomes, a été partout le premier des botanistes; sur le terrain des plantes vulgaires, il a presque toujours enseigné les savants. Pour lui, comme pour les botanistes, il n'y a jamais eu, pour ainsi dire, qu'une ciguë, la ciguë traditionnelle. C'est pourquoi les premiers botanistes de la Renaissance, comme Ruellius, Tragus, Fuchsius, Cæsalpin, Dodonée, Lobel, Mathiole, Camerarius, Tabernæmontanus, etc., en décrivant la ciguë, disaient *cicuta* tout court; ou bien, c'était la ciguë vraie, *cicuta vera*, de Gesner et de Thalius; la ciguë des anciens et des modernes, *cicuta veteribus et neotericis*, de J. Bauhin, ou bien la ciguë domestique, *cicuta domestica*, de Morison. D'autre part, la petite ciguë, déterminée comme espèce, avait fait nommer la ciguë vulgaire *cicuta major* par Cordus. A cette heure encore, hors des régions un peu scientifiques, il n'y a, pour ainsi dire, qu'une ciguë; nommer simplement la ciguë, c'est désigner le *conium maculatum*.

La tradition populaire est confirmée par l'histoire. Les Arabes répètent les anciens sur la ciguë. C'est même Avicenne qui a donné, le premier, une description un peu complète de l'empoisonnement par cette substance. Au X⁰ siècle, Emilius Macer, qui a fait tout un petit poëme, *De viribus herbarum*, consacre un long chapitre à la plante, parle du poison légal des Athéniens et de la mort de Socrate. Le bon moine ne peut pas s'expliquer les propriétés vénéneuses de la ciguë et ajoute naïvement :

> Qualiter hoc fiat, non estimo dicere nostrum,
> Cum nil quod noceat, sed quod juvat est referendum.

A la fin du xɪɪᵉ siècle, sainte Hildegarde, dans son

livre *De physica*, mentionne la ciguë sous son vieux nom allemand de *scherling;* elle relate ses qualités vénéneuses et parle assez longuement de ses propriétés vulnéraires ; c'est même la première fois que cette application thérapeutique est nettement formulée. Puis on trouve la ciguë mentionnée dans Albert le Grand, Vincent de Beauvais, Pierre d'Abano, Santes de Ardoinis, Platearius, Nicolas Præpositus, Guainerius, et dans tous les vieux *herbarii* de la fin du moyen âge ; ce qui nous conduit aux premiers botanistes de la Renaissance qui, dans tous leurs dessins de la plante, nous en donnent l'image exacte. Si j'insiste longuement sur tous ces faits traditionnels, c'est qu'ils sont une des meilleures preuves à apporter en faveur de l'identité de la ciguë antique avec notre ciguë vulgaire.

IV. C'est ici le moment de réfuter l'erreur qui s'est glissée parmi les modernes au sujet du poison administré à Socrate. L'opinion généralement soutenue jusqu'à ces derniers temps, c'est que le poison socratique fut un poison composé. Voici, en peu de mots, l'origine de cette hérésie historique. C'est Guainerius, médecin italien du commencement du xv⁰ siècle, qui paraît en être le père, dans le passage suivant sur la ciguë : Nec hoc est venenum quod Athenienses Socrati tribuerunt, ut ponit Conciliator, sed fuit *quoddam venenum compositum* quod cicutam vocarunt, ut in historiis legi Romanorum, de quo Valerius Maximus facit mentionem.

Forestus répète Guainerius. Wepfer en fait autant, n'osant pas affirmer complètement que le poison socratique ait été composé ; cependant, il le trouve vraisemblable. Puis, sont venus une foule de médecins qui ont copié leurs devanciers sur cette question, accepté leurs dires sans vérifier les textes et sans se douter qu'ils étaient victimes d'un contre-sens commis par Guainerius; ce qu'il est facile de démontrer en citant le passage invoqué de Valère Maxime.

L'historien latin, qui vivait sous Tibère, parle d'un certain poison contenant de la ciguë, que l'on gardait dans un dépôt public à Marseille, et que le Sénat de la cité distribuait à ceux qui, voulant se débarrasser de la vie, venaient plaider leur cause devant lui : *Venenum cicuta temperatum* in ea civitate publica custoditur... (Lib. 2). Toute la difficulté porte sur les deux mots *cicuta temperatum;* la plupart ont traduit en disant, comme Guainerius : *poison mélangé de ciguë.* Dans mon opinion, c'est une faute, un véritable contre-sens. Qu'on me permette, à ce sujet, de faire un peu de latinité, à l'aide des dictionnaires de Forcellini, de Freund, de l'ancien *Thesaurus linguæ latinæ* et du dictionnaire *mediæ latinitatis* de Ducange.

Temperare, d'après Forcellini, signifie *commiscere,* v. g. *temperare acetum melle*; mais il a aussi le sens de *propinare, præbere.*

Suivant Freund, *temperare venenum* veut dire préparer un poison; pour preuve, il cite un passage de Suétone, au commencement de la vie de Néron, où il est question d'un Domitius qui, revenu à la vie après s'être empoisonné, affranchit son médecin, parce qu'il lui avait préparé un poison moins violent : *minus noxium temperasset.*

Valère Maxime, racontant l'histoire du médecin d'Alexandre, dit que Philippe lui présenta une potion préparée de ses mains, *suis manibus temperatam* (1), et, à

(1) Itaque convocati medici, attentissimo consilio salutis remedia cir-

ce sujet, le *Thesaurus linguæ latinæ* traduit *temperatam* par *confectam*, ce qui évidemment est le sens naturel. Donc, le *venenum cicuta temperatum* invoqué par Guainerius doit se traduire par *poison préparé avec de la ciguë* (1). L'historien latin en fournit lui-même la preuve quelques lignes plus bas. Il assistait à la mort d'une vieille matrone de l'île de Céos qui voulut terminer solennellement ses jours devant Pompée, en s'empoisonnant avec la ciguë : — Elle saisit, dit-il, d'une main ferme le vase dans lequel avait été préparé le poison, *poculum in quo venenum temperatum erat*. Le traducteur latin des œuvres de Plutarque (édit. Didot) se sert du mot *temperare* dans le même sens, lorsqu'il arrive au passage de la vie de Phocion où il est raconté que, le poison manquant, le bourreau, à moins d'être payé, se refusait à en préparer de nouveau : il dit qu'il n'en broierait pas d'autre, *aliud temperaturum se negaret*. On lit encore, dans Apulée (*Metamorph.* L. 10) : *venenum sua manu temperatum*, poison préparé de sa main.

Ducange donne aussi à *temperare* la signification de *diluere*, et cite, à l'appui, un texte des lois lombardes : Si quis liber homo aut mulier *venenum temperaverit*..., et aussi le passage d'une lettre conciliaire : *potionem veneficam temperare*.

Le passage de Valère Maxime est suffisamment rendu à son sens véritable, et se retourne en preuve

cumspiciebant ; qui cum ad unam potionem sententiam direxissent, atque eam Philippus medicus suis manibus temperatam Alexandro porrexisset (Valère Maxime).

(1) Guersent, l'auteur de l'article Ciguë du grand *Dictionnaire des sciences médicales*, est, à ma connaissance, le seul qui ait bien traduit ce passage, *substance vénéneuse* faite avec la ciguë : il n'en conclut pas moins au poison composé.

contre le poison composé. Le poison de Marseille, colonie phocéenne, y avait été évidemment importé par les Grecs. L'historien latin signale lui-même cette origine (1). S'il est établi qu'à Marseille le poison n'était que de la ciguë, il est bien permis d'en conclure qu'il en était de même à Athènes.

Le contre-sens de Guaiuerius, qu'il était du reste facile de faire, s'est trouvé singulièrement protégé par un passage de Théophraste qui semble, au premier abord, donner raison aux partisans du poison composé. Aux dires du naturaliste grec, Thrasyas de Mantinée avait trouvé le moyen, en mélangeant la ciguë avec l'opium et autres poisons, de rendre la mort plus douce et sans souffrances, ἄπονον (2). Vite, on en a conclu que le poison socratique était réellement composé, sans songer le moins du monde à démontrer par l'histoire que le nouveau procédé de Thrasyas avait été adopté par la justice athénienne. Que si nous ignorons l'époque précise où vécut Thrasyas, il est positif qu'avant lui la ciguë était administrée aux criminels : son procédé modificateur en est la meilleure preuve. Quelle raison la justice grecque aurait-elle eu de prendre ce nouveau procédé, moins sûr peut-être à raison du mélange (3), alors qu'elle était en possession d'un poison parfaite-

(1) Quam consuetudinem Massiliensium non in Gallia ortam, sed ex Græcia translatam inde existimo, quod illam etiam in insula conservari animadverti.

(2) Thrasyas Mantinensis, pharmacon immedicabile et diu durans, necem vero facillime et celerrime inferens et conii et papaveris succo, aliisque huic similibus paravit.

(3) Le Dr Maclagan affirme que la ciguë est antagoniste de l'opium. J'ai déjà soutenu que l'antagonisme des médicaments existait surtout entre médicaments similaires, autre argument en faveur de la loi de similitude.

ment éprouvé, traditionnel, d'une telle sûreté qu'il est nommé ἀψευδὴς dans les synonymes de Dioscoride, comme s'il ne manquait jamais son effet ; Théophraste dit lui-même que le suc de ciguë est très-actif, et que pris en petite quantité, il détermine la mort (1). Ce changement aurait-il été inspiré par un motif humanitaire ? C'est peu probable, et il n'en était pas besoin. La mort par la ciguë est une mort fort douce : l'observation moderne en fait foi. Nous avons d'ailleurs sur ce point le témoignage de saint Jean Chrysostome qui déclare cette mort plus douce que le sommeil : — Cicuta mortem obiisse perinde est atque permansisse dormientem : dicitur enim *ea mors somno suavior*. Avant lui, Tertullien la comparant aux épouvantables supplices endurés par les martyrs, se moque de la coupe de Socrate qu'il traite de plaisanterie à côté de ces gibets, de ces fournaises ardentes où *les sages de l'école de Dieu recevaient la mort la plus cruelle due au génie inventif de la cruauté païenne* (2). Au dire d'Œlien, les vieillards de l'île de Céos étaient obligés de mourir, de par la loi, lorsqu'ils se sentaient inutiles au service de la République : ils s'invitaient alors comme à un festin, s'asseyaient à la table couronnés de fleurs et terminaient leurs jours en buvant la ciguë. N'est-ce pas là *à priori* une preuve évidente de la douceur de ce genre de mort ? Et le philosophe Euphrate qui voulut se débarrasser de la vie pour mettre

(1) Succus inspissatus conii vehementissimus, parca quantitate absorptus necem infert (L. 9, c. 8).

(2) Hæc sapientia de schola dei... ideoque non unius urbis sed universi orbis iniquam sententiam sustinens pro nomine veritatis, tanto scilicet perosioris quanto plenioris, ut et mortem non de *poculo jocunditatis* absorbeat, sed de patibulo et vivicumburio per omne ingenium crudelitatis exhauriat (*De anima*, c. 1).

fin à une maladie grave, aurait-il avalé ce poison s'il avait dû augmenter ses douleurs? On avait donc eu raison d'appeler la ciguë δολία, plante qui agit par ruse, qui surprend, πολυαγνώδυνος, tout à fait sans douleur. Du reste, aux preuves physiologiques, il sera donné complète démonstration de ce fait.

Pour en revenir à Théophraste, non-seulement on a abusé du fait de Thrasyas, mais encore on a brodé par-dessus, sans se donner la peine de vérifier le texte. Ainsi, d'après Mead, nous ne savons nullement ce qu'était la ciguë athénienne. C'était probablement un poison composé d'opium et de jusquiame. Le médecin anglais en fait même disparaître la ciguë, et cependant, dans le passage d Théophraste, il n'est question que de ciguë, d'opium et de quelques autres substances semblables. La jusquiame n'y est point mentionnée.

Voici encore d'autres exemples de la manière dont on écrit l'histoire. Sauvages soutient que le poison socratique n'était pas le *conium*, mais la ciguë de Linnée, désignée par Tournefort sous le nom de *sium erucæ folio ;* puis il fait dire à Théophraste que le poison qui tua Socrate était mélangé d'opium ; or, il n'est nullement question de Socrate dans le texte (1). — Van Hasselt avance, sur la foi d'Œlien, que les vieillards de l'île de Céos, ennuyés de la vie, y mettaient fin en s'empoisonnant avec un mélange de ciguë et d'opium (2). Or, dans le texte

(1) Venenum quo Socrates olim extinctus est, creditur esse succus non conii, sed cicutæ Linnæi, quam sium erucæ folio Tournefortius nuncupat. Venenum multo periculosius, cum homines cito perimat; illud vero cum opio permixtum fuisse monet Theophrastus. Unde mors placida ; sic Socratem, sumpto toxico, oculos fixos, torporem et gravitatem expertum esse dicitur (Sauvages. *Nosologia methodica*).

(2) *Allgemeine Giftlehre*, Braunschweig, 1862.

grec, il n'est pas question d'opium : il est dit seulement
que les vieillards buvaient la ciguë (1). Valère Maxime
racontant l'histoire de sa matrone, ne parle également
que de ciguë.

Toutes les probabilités sont contre l'admission du
procédé de Thrasyas, c'est-à-dire contre le mélange de
la ciguë avec d'autres poisons. Abordons maintenant
plusieurs preuves directes et péremptoires.

V. Théophraste, Dioscoride, Galien ont parlé d'une
plante déterminée, le κώνειον, qui est le *cicuta* des Romains dont il est question dans Pline, Sénèque, nombre
de poëtes et d'historiens. Puisque le nom correspond
positivement à une plante connue, pourquoi voir dans la
ciguë administrée à Socrate un poison composé ? Dans
l'antiquité, il n'a jamais été fait de distinction entre le
poison légal des Athéniens et le poison extrait de la
plante κώνειον ou *cicuta*.

Pour Dioscoride, cette plante était bien celle qui fournissait le poison légal, puisqu'il lui donne le nom de
τιμωρός dans ses synonymes, et que plusieurs de ces synonymes correspondent aux principaux accidents de la
ciguë, tels que les a présentés Socrate, tels que nous les
connaissons d'autre part.

Il en est de même de Pline qui commence solennellement son chapitre sur la ciguë en disant : — Cicuta
quoque venenum est, *publica atheniensium pœna invisa.*
Cette phrase est à elle seule la négation absolue du poison composé. Guersent, après avoir rappelé les vieil-

(1) Lex est apud Ceos, ut ii qui senio plane confecti sunt, tanquam
ad hospitalem mensam se invitantes et coronati bibant (πίνουσι κώνειον),
quando sibi ipsis conscii sunt se ad curanda patriæ commoda inutiles
esse (OElien. L. 3, c. 37).

lards de Céos, les passages de Thrasyas, de Strabon et de Valère Maxime, ajoute : — C'est sans doute d'après le rapprochement de tous ces faits que Pline a regardé le poison dont on se servait à Athènes comme le suc de la ciguë; et tous les écrivains, depuis lui, ont admis cette conjecture comme une vérité incontestable et l'ont répétée en ajoutant même que Socrate avait péri par ce genre de poison. Cependant Platon ne parle pas une seule fois du κώνειον dans toute sa relation historique de la mort de Socrate, et il emploie au contraire fréquemment le mot φάρμακον. — Puis, Guersent insiste principalement sur l'argument de dissemblance entre les symptômes de l'empoisonnement socratique et ceux observés par les modernes. Je me suis déjà expliqué assez longuement sur la question du φάρμακον ; aux preuves physiologiques, je coulerai à fond la question des symptômes et par suite l'argument de dissemblance. Pour le moment, je trouve fort singulier de voir Guersent et consorts se déclarer meilleurs juges en cette affaire que Pline et toute l'antiquité.

S'il ressort de Dioscoride et de Pline que Socrate est mort par la ciguë seule, Galien nous en fournit de meilleures preuves peut-être. Pour lui, le poison légal des Athéniens n'est autre que la plante nommée κώνειον : voici trois citations à l'appui.

« Proinde et mandragora, *cicuta,* altercum, papaver, si « quis modice *herbas* utatur, condensandi vim obtinent; « sin liberalius, non modo condensandi, sed et obstupe-« faciendi; si vero etiam plurimum, non tantum obstupe-« faciendi, sed et necandi » (*De simpl. med.* L. 5).— Ici la ciguë apparaît comme une plante vénéneuse, pouvant donner lieu à des accidents mortels, suivant la dose.

Quid enim aliud dixeris, quum videas medicamenta...
« statim ubi quis assumpserit internecionem adferre? ex
« quo numero sunt ferarum venena... similiter et *a potu*
« *cicutæ*, ἀπὸ κωνείου πόσεως, quum et ejus venenum refrige-
« ret (L. *de anima.*)» — Dans ce second passage, c'est toujours l'herbe ou poison mortel, et c'est en outre le poison légal qui est indiqué, *a potu cicutæ.*

« Nondum inveni quemadmodum illud, quare flava
« bile exuberante in delirium rapimur... insuper qua vi
« *sorbitio cicutæ* (κώνειον ποθέν) *ultionem ipsam flagitiis* dedi-
« tam (τιμωρίαν) moliatur, cui etiam *nomen ab affectu* quem
« corpus inde patitur, *inditum est* (Liber *quod animi mores*
« *corporis temperamenta sequentur*). » — Ici la ciguë est affirmée encore plus explicitement comme poison légal.
Galien nous apprend en outre que les accidents déterminés par elle avaient été nommés κώνειον, du nom même
de la plante, comme nous disons arsenicisme, comme
nous pourrions dire cicutisme. Cette affection est restée
traditionnelle : Sauvages en a fait une espèce morbide,
ainsi qu'on peut le voir dans sa nosologie. Ceci posé,
Galien aurait-il pu conserver le mot κώνειον à ces accidents, s'ils avaient été l'effet d'un poison composé ? Quel
médecin oserait le soutenir ?

En somme, le silence de toute l'antiquité sur le poison composé de Socrate se trouve amplement justifié
par toutes ces preuves directes. La thèse du poison
composé n'est réellement pas admissible : elle n'a pris
naissance chez les modernes que grâce à un contre-
sens et au passage de Thrasyas appliqué sans logique et
singulièrement embelli. Les premiers qui avaient mal
traduit et mal conclu, ont été suivis par nombre d'autres
qui ont répété les devanciers sans se livrer à la plus pe-

tite vérification : tant il est vrai qu'en médecine il y a beaucoup de *moutons de Panurge* !

VI. Wepfer a produit un autre argument en faveur du poison composé : il faut y répondre. D'après le récit de Platon, il fallut un certain temps, συχνὸν χρόνον, pour préparer le breuvage administré à Socrate. Wepfer en conclut qu'il devait avoir du rapport avec le poison composé inventé par Thrasyas.

Nous avons quelques renseignements sur la manière dont le poison athénien était préparé (1). Théophraste rapporte que les habitants de l'île de Céos employaient la ciguë *broyée*, mais que de son temps on ne voulait plus la préparer ainsi *sans enlever l'écorce*, procédé dont il avoue les difficultés ; qu'on l'écrasait alors dans un mortier, passant le suc dans un tamis très-fin, et le buvant avec de l'eau ; qu'on obtenait ainsi une mort prompte et facile. Il est difficile de savoir si dans ce texte Théophraste a voulu parler de la plante entière, ou seulement des graines. [Ce qui pourrait peut-être donner quelque crédit à cette dernière supposition, c'est que Galien, en quelques endroits, recommande de se servir des semences de ciguë *décortiquées* ou mondées (2). Les difficultés mêmes de la préparation sur lesquelles insiste Théophraste, viennent à l'appui.

Il est infiniment probable que le poison athénien était préparé dans les procédés indiqués par Dioscoride et Pline : il en a été question aux *preuves botaniques*. Le poison légal était nécessairement préparé d'a-

---

(1) Galien. *de compos. medic. secundum locos*, L. 10. — *De antidotis*, L. 2.

(2) Procédé qui est un excellent argument de plus contre le poison composé.

vance et conservé à l'état d'extrait, par la simple raison que la ciguë n'existe pas pendant l'hiver et qu'elle n'atteint son maximum d'activité qu'au déclin de la floraison, époque où on la cueillait nécessairement, avant la dessiccation des graines, *antequam arescant*. L'histoire confirme ce détail. Le poison était conservé au sénat de Marseille; Démosthène en portait sur lui; le médecin de Sénèque en avait une provision. Il s'agit donc d'un extrait préparé en temps convenable. Fr. Hoffmann a eu raison de dire : — «Memoriæ proditum est *succum ci-* «*cutæ, leni insolatione spissatum,* olim publice Athenis in «pœnam *fuisse asservatum.*»—Puisqu'il s'agit d'un extrait plus ou moins sec, peut-être réduit en pastilles, comme l'a dit Pline à propos des semences, rien d'étonnant qu'il ait fallu un certain temps pour préparer le poison de Socrate. Il fallait nécessairement le triturer : Platon dans le Phédon, Plutarque dans la vie de Phocion, se servent du mot τρίβειν qui signifie *broyer*.

Puisqu'on buvait la ciguë, le poison broyé était nécessairement incorporé dans un liquide. Pour lui donner toute son activité, il fallait le dissoudre complètement dans le véhicule. De là un temps plus ou moins long pour préparer le breuvage mortel; médecins et pharmaciens savent parfaitement qu'il faut un certain temps pour incorporer un extrait dans une potion. Telle est l'explication toute naturelle du temps mis à la préparation du poison socratique. Que le poison fût simple ou composé, le même temps était nécessaire et la question de temps ne peut être un argument en faveur du poison composé.

Il faut maintenant aborder les preuves physiologiques pour achever de démontrer encore plus complète-

ment que le poison grec était tiré uniquement de la
ciguë.

CHAPITRE IV.

Preuves physiologiques.

Les partisans du poison composé ont surtout mis en
avant que les observations modernes d'empoisonnement
cicutaire ne concordaient pas avec les symptômes de
l'empoisonnement socratique : de là à conclure que le
poison bu par Socrate n'était pas de la ciguë ou n'était
que de la ciguë associée à d'autres substances, il n'y
avait qu'un pas. Cet argument, très-fort en apparence,
est très-faible en réalité : il repose sur l'étude incomplète des faits et sur cette légèreté souveraine avec laquelle on traite en médecine les questions de pharmacodynamie. Quelques observations d'empoisonnement
avec délire plus ou moins violent, mises en parallèle
avec la mort tranquille de Socrate, ont suffi pour édi-
fier la thèse.

On a oublié que les anciens avaient signalé eux-
mêmes le symptôme délire de l'empoisonnement par la
ciguë. On a méconnu, à propos de cette question, une
loi générale de pharmacodynamie, la loi de contingence (1). Le poison qui tue, aussi bien que le poison
médicament, est sujet à une foule de variations et de
combinaisons dans les accidents qu'il produit. C'est
surtout à ce sujet qu'il faut méditer la phrase suivante
de Hahnemann, dans sa magnifique préface des *Frag-*

(1) J'ai dit dans mes *lectures publiques sur l'homœopathie* que les médicaments agissaient *similiter, elective, contingenter* et *omni dosi* : formule
qui, dans mon opinion, contient les quatre lois fondamentales de la
pharmacodynamie.

menta de viribus medicamentorum: — « Medicamenta simplicia vires edunt in corpus sanum sibi unumquodque proprias, non tamen omnes simul vel in una et constanti serie, aut cunctas in singulis hominibus, sed hodie forsan has, illas cras, hanc primam in Caïo, illam tertiam in Titio, ita tamen ut et Titio aliquando usu veniat, quod Caïus inde sensit heri. » C'est toujours la variété dans l'unité et l'unité dans la variété. Combien n'y a-t-il pas de physionomies différentes dans les empoisonnements arsenicaux ? Pourquoi exiger que tous les faits d'intoxication cicutaire soient moulés exactement sur le type socratique? On comprendra beaucoup mieux cette thèse en parcourant les observations d'empoisonnement éparses dans nos archives scientifiques(1). Comme elles ne sont pas très-nombreuses, j'ai voulu en présenter dans ce travail la collection aussi complète que possible.

Dans mon opinion, le plus grand service rendu à la science pharmacodynamique gît dans la collection complète des observations d'empoisonnement par nos substances héroïques diverses. A cette heure, celui qui recueillerait religieusement toutes les observations connues d'empoisonnement par l'aconit, l'arsenic, la belladone, etc., et les présenterait en groupes divers, suivant les prédominances et les associations de symptômes, ferait une œuvre importante dans l'intérêt de la science et de la réforme hahnemannienne(2). Après avoir étudié les différentes physionomies des médicaments à

(1) Orfila a donné les observations de Mathiole et de Haaf; il mentionne brièvement celles de Choquet, Ajasson et Bennet. Tardieu ne cite que l'observation de Bennet très-écourtée.

(2) Le Dr Berridge, médecin anglais, a commencé ce travail pour plusieurs médicaments dans *British Journal of Homœopathy.*

dose toxique, on comprendrait mieux les pathogénésies de Hahnemann, pathogénésies rebutantes et incompréhensibles pour tout novice en la matière. Le fondateur de l'homœopathie a reculé le triomphe de sa doctrine de plus d'un siècle avec sa méthode d'exposition pathogénétique, véritable fouillis où les actions positives des substances sont noyées au milieu d'une foule d'inutilités et de ridiculités. Au lieu de créer incessamment des pathogénésies nouvelles, mieux vaudrait vérifier, expurger et compléter Hahnemann. C'est ce qui m'engage à publier dans ce travail toutes les observations d'empoisonnement cicutaire chez l'homme, que j'ai pu me procurer.

DESCRIPTIONS GÉNÉRALES DE L'EMPOISONNEMENT.

Avant de traiter des formes diverses de l'empoisonnement cicutaire, il est bon de citer toutes les descriptions générales qui en ont été faites depuis Nicandre jusqu'à nos temps modernes. De leur comparaison sortira plus d'un enseignement.

130 ans environ avant l'ère chrétienne, Nicandre, de Colophone, en Ionie, qui vécut sous le dernier Attale, roi de Pergame, écrivit sur les contre-poisons, *alexipharmaca*, tout un poëme de vers grecs au nombre de 630. La ciguë y figure à son rang, avec la description de l'empoisonnement. Je traduis mot à mot ce passage en latin *interlinéaire* pour l'intelligence des lecteurs ; ce qui est préférable à la mise en vers de Gorrœus (1) et de Schulze.

(1) Gorrœus est le premier qui ait traduit Nicandre en vers latins (Parisiis, 1549) : Voici sa traduction du passage relatif à la ciguë :
　　Tu quoque signa mala jam contemplare cicutæ.
　　Hæc primum tentat caput et caligine densa

καὶτε σύ κωνείου βλαβόεν τεκμαίρεο πῶμα.

et tu cicutæ lethalem contemplare sorbitionem.

κεῖνο ποθέν δη γάρ τε καρήατι φοινὸν ἰάπτει,

hæc pota capiti malum infert

νύκτα φέρον σκοτόεσσαν, ἐδίνησεν δὲ καὶ ὄσσε,

noctem ferens tenebricosam. Vertit quoque oculos

ἴχνεσι δὲ σφαλεροί τε καὶ ἐμπάζοντες ἀγυιαῖς,

pedibus titubantes et cadentes in viis

χερσὶν ἐφερπύζουσι. κακὸς δ'ὑπὸ νείατα πνίγμος

manibus repent. Mala denique suffocatio

ἴσθμια καὶ φάρυγος στεινὴν ἐμφράσσεται οἶμον.

fauces et gutturis strictam obstruit viam

ἄκρα δε τοι Ψύχει. περὶ δὲ φλέβες ἔ,δοθι γυίων

extremitatesque frigent, Circaque venæ interne
[membrorum

ῥωμαλέαι στέλλονται, ὁ δ'ἠέρα παῦρον ἀτύζει,

fortes sistunt. Aerem parcum inspirat

οἷα κατηβολέον. Ψυχή δ'ἀΐδωνέα λεύσσει.

quasi in lipothymia. Anima infernum videt (1).

Sous une autre forme, Dioscoride répète à peu près Nicandre : — « Caliginem, vertiginesque oculi tantas

Involvit mentes. Oculi vertuntur in orbem,
Genua labant, quod si cupit ocius ire, caducum
Sustentant palmæ corpus : faucesque premuntur
Obsessæ, et colli tenuis præcluditur isthmus.
Extremi frigent artus. Latet abditus imis
In venis pulsus. Nihil inspiratur ab ore.
Fata instant, ditemque miser jamjam aspicit orcum.

Gorrœus a parfaitement résumé *Nicandre* en donnant l'excellente description suivante de l'empoisonnement : — Capitis gravitas, verligines, caligo oculorum, mentis abalienatio, motus maxima imbecillitas, intercepta respiratio, suffocatio, extremarum corporis partium perfrictiones, nullus pulsus arteriarum, Græci ἀσφυξίαν vocant.

(1) Voici la traduction anglaise, faite par Christison : — This potion carries destruction to the powers of the mind, binging shady darkness

cicutæ potus affert, ut nec minimum videre liceat ; singultus itidem, mentis alienationem et extremarum corporis partium perfrictiones; postremo convulsi strangulantur, cessante a motu omni in arteriis spiritu » (L. 6, c. 9). Si la paralysie n'est pas accusée, comme dans l'*Alexipharmaca*, peut-être est-elle implicitement comprise dans le refroidissement des extrémités. Pline ne signale que ce seul symptôme.

Scribonius Largus, contemporain de Dioscoride, donne une description à peu près conforme aux précédentes : — « Cicutam ergo potam caligo, mentisque abalienatio et artuum gelatio insequitur; ultimoque præfocantur qui eam sumpserunt, nihilque sentiunt. » Ici la paralysie de sentiment est nettement affirmée pour la première fois.

Nous arrivons aux Arabes représentés par Avicenne : — « Accidunt præfocatio et frigus extremitatum, et tensio vehemens præfocans et tenebricositas visus et forsitan non videt aliquid, et destruit imaginationem et infrigidat extrema. Deinde spasmat et præfocat et interficit. » Puis, vers la fin du xiii⁰ siècle, le médecin grec Actuarius répète mot à mot Dioscoride.

Vers la même époque, le bienheureux Albert le Grand disait en parlant de la ciguë : *Inanit consumendo spiritus et mortificando membra*, paraissant indiquer ainsi deux symptômes majeurs, l'asphyxie et la paralysie.

Vient ensuite Santes de Ardoinis, le toxicologiste le

---

and makes the eyes roll. But staggering on their footsteps and tripping on the streets, they creep on their hands. Mortal stifling seizes the upper part of the neck and obstructs the narrow passage of the throat. The extremities grow cold, the strong vessels in the mbs contract, he ceases to draw in the thin air, like on fainting and the soul visits pluto. (*Transactions of the royal Society of Edinburgh*, vol. XIL.)

plus complet du moyen âge : « Accidentia consequentia assumptionem cicutæ sunt frigiditas extremitatum, gravitas motus corporis, suffocatio et strictura anhelitus, permistio rationis, oculorum caligo, subet (lethargia), singultus et dolor stomachi, color labiorum citrinus vel viridis, color corporis plumbeus, stupor membrorum, durities pulsus, quies venarum scilicet pulsatilium, et nisi acceleretur in sui curatione, *morietur post tres horas*, scilicet post quietem venarum pulsatilium, id est, arteriarum. » Cette description a de la valeur comme exactitude et détails. L'auteur est le seul toxicologiste qui ait fixé le temps que le poison met à tuer : *post tres horas*. Il s'agit bien ici de la ciguë traditionnelle, puisque, pour vérifier les signes du poison, il recommande de s'informer si c'est la racine, la plante, le suc, ou les semences qui ont été employés.

« Cicutam vel ejus succum assumens, sensum amittit et stuporem incurrit, et ideo si aves frumentum in ejus succo remollitum manducaverint (1), stupefaciunt sic ut manu capi possunt » (Guainerius).

« La ciguë prise en breuvage, dit Ambroise Paré, cause vertigines, troublant l'entendement, tellement qu'on dirait les malades être enragés, offusque la vue ; elle provoque hoquets, rend les extrémités toutes gelées, cause convulsions ; la trachée-artère reste serrée et estoupée ; ils meurent comme si on les étranglait. »

Inducit oculorum caliginem, vertiginem, amentiam et furorem, quandoque strangulationem, difficul-

---

(1) Ce procédé d'empoisonnement des oiseaux a été signalé par quelques auteurs italiens postérieurs, qui ont probablement répété Guainerius ; ce qui nous donne l'explication du mot allemand *Volgeltod, mort des oiseaux,* synonyme populaire de la ciguë, qui a été déjà cité au chapitre des preuves philologiques.

tatem spirandi vel etiam suffocationem, singultum, convulsiones, corporis tumorem, frigiditatem, stuporem, tandemque virium exsolutionem, asphyxiam et ipsam mortem (Sennert).

Ces citations suffisent pour établir toute une tradition toxicologique à l'endroit de la ciguë. Il fant en tirer une conclusion favorable à l'identité de la ciguë vulgaire avec la ciguë antique, attendu que les descriptions modernes concordent parfaitement avec celles de l'antiquité, En outre, si on avait lu attentivement la série de ces descriptions, on n'eût pas avancé que les observations modernes sont en désaccord avec les dires des anciens; à part l'accident délire, la plupart des symptômes traditionnels de la ciguë se retrouvent dans le fait socratique. Dioscoride, tout en parlant de la ciguë qui a tué Socrate, n'en mentionne pas moins le *mentis alienatio*, quoique Platon fasse silence sur ce point. On peut encore conclure de tous ces tableaux toxicologiques que le poison socratique n'était pas composé, puisque la ciguë moderne reproduit les mêmes accidents que la ciguë administrée au sage Athénien.

FORME SOCRATIQUE.

Le récit de la mort de Socrate au livre du *Phédon*, reproduit en tête de cet opuscule, se trouve être naturellement la première observation connue d'empoisonnement cicutaire. Je place immédiatement après l'observation du professeur Bennet, la publiant intégralement, telle qu'elle se trouve dans ses *Clinical lectures* : observation importante par ses détails, son exactitude et sa conformité avec le type socratique. Aussi a-t-elle donné l'éveil sur la question de la ciguë et sur les erreurs débitées à son endroit.

Observation I. — Le lundi 21 avril 1845, vers 7 heures du soir, un individu nommé Duncan Gow est apporté à l'infirmerie par deux policemen. On l'avait trouvé dans la rue comme un homme ivre, ou qui a eu une attaque. Arrivé à la salle d'attente, il était mort.

J'appris, plus tard, de sa femme que cet homme, âgé de 33 ans, tailleur de son métier, vivant dans la misère, n'avait rien mangé de la journée, avant d'avoir pris la substance qui avait causé sa mort. Deux de ses enfänts, âgés de 6 et 10 ans, avaient trouvé autour du monument élevé à Walter Scott des herbes qu'ils avaient prises pour du persil, et, sachant que leur père les aimait beaucoup, ils lui en avaient apporté. Quatre jours après, je visitai avec un de ces enfants l'endroit où les herbes avaient été cueillies; je le trouvai couvert de terreau frais, mais, à quelques pieds de là, le terrain était rempli de *conium maculatum*. Les enfants étaient rentrés à la maison entre 3 et 4 heures de l'après-midi. Le père qui n'avait rien pris de la journée, mangea les herbes avidement, avec un morceau de pain, répétant à plusieurs reprises qu'il les trouvait excellentes. La quantité mangée n'a pu être évaluée : il avait consommé presque tout ce qui avait été apporté. Le repas fini, il se leva en disant qu'il allait tâcher de trouver quelque argent pour donner du pain à ses enfants; il était alors en parfaite santé.

Gow fait un demi-mille, de sa maison chez un nommé Wright, auquel il voulait vendre quelques menus objets. Wright, en le voyant entrer dans sa chambre, pensa tout d'abord qu'il était ivre, parce qu'il chancelait en marchant. En entrant par la porte qui était étroite, il avait trébuché et s'était assis à la hâte. Il resta dix minutes à conclure son marché, pendant lesquelles il conversa très-librement, puis il sort avec 4 sols, prix de la vente. Il ne se plaignait alors ni de douleurs ni de malaise ; pas la moindre excitation dans ses gestes ou sa parole ; sa face était pâle, défaite. En se levant de sa chaise, il retombe en arrière, comme s'il avait eu quelque difficulté à se lever. La femme Wright le vit chanceler au sortir de la maison et dans l'escalier. Il était un peu plus de 4 heures.

En quittant la maison Wright, Gow est aperçu par M. Mc'all, à deux cents pas de là, se tenant le dos appuyé contre le coin de la rue ; puis il fait quelques pas en vacillant encore, parcourt en zig-zag un autre petit espace et.finit par s'asseoir à l'entrée d'une porte cochère. « Il ne pouvait pas marcher droit, disait Mc'all, et chancelait comme un homme ivre. » Sa manière de marcher avait attiré nombre d'enfants des deux sexes, qui s'en moquaient, croyant qu'il était pris de vin. On l'entendit leur parler, mais on n'a pu savoir ce qu'il leur avait dit. A ce moment, il fut vu par deux femmes qui dirent à un policeman de l'emmener.

Le policeman Mitchell m'a dit que, trouvant Gow assis au bas d'un escalier, il avait pensé tout d'abord qu'il était ivre. Il lui avait adressé la parole. Gow lui avait exprimé alors le désir d'être ramené chez lui, ajoutant qu'il avait perdu complètement la vue et qu'il n'avait plus l'usage de ses jambes. Il voulut marcher plus avant, jusqu'à ce que le policeman eût rencontré un de ses collègues pour lui venir en aide. Il se leva alors, prit le bras de Mitchell ; mais, après avoir marché avec une grande difficulté le long de quatre ou cinq boutiques, ses jambes fléchirent sous lui, et il tomba sur ses genoux. Mitchell lui donna un peu d'eau à boire, mais Gow ne put pas l'avaler ; il le laissa alors pour aller chercher un brancard. A son retour, il le trouva entouré de femmes qui lui versaient de l'eau sur la tête et lui en arrosaient le front. A l'aide de Hastie, autre policeman, il le mit sur la civière. Une femme qui était présente à ce moment remarqua que Gow, en se levant, ne pouvait pas marcher, et que ses jambes traînaient, pendant que les policemen le mettaient sur le brancard.

Hastie, en le voyant, dit à Mitchell que Gow n'était pas ivre, mais qu'il avait une attaque. Il lui ouvrit les paupières et trouva les yeux hébétés. Il paraissait avoir sa connaissance, essayait de parler, mais ne pouvait pas articuler. On l'apporta lentement au bureau de police, où il arriva vers les six heures. Mitchell dit au chef de poste que, vu la manière dont Gow avait été trouvé gisant à terre, vu l'impossibilité où il était de marcher, il ne pensait pas qu'il fût ivre. A ce moment, quoique les jambes fussent complètement paralysées, son intelligence était encore entière ; car il put donner son adresse exacte au guichetier qui la lui demanda.

Le docteur Tait, chirurgien de la police, mandé immédiatement, vit le malade vers 6 heures et quart. Voici la note qu'il m'a adressée à ce sujet : « Ma première impression a été que Gow était ivre. Il était couché sur le dos, les épaules et la tête élevées, sur une table destinée à cet usage. Il avait sa connaissance, quand je lui parlai; il fit un effort pour regarder de mon côté, ouvrit légèrement les paupières, mais il lui fut impossible de parler. Il paraissait avoir perdu complètement la faculté de se mouvoir. Je pris son bras, le plaçai en bas; il resta dans cette position. En le chatouillant dans les aisselles, il semblait accuser un peu de sensibilité, mais ne faisait aucun mouvement pour se soustraire à cette sensation. Par moments, il y avait des mouvements dans la jambe gauche, plutôt spasmodiques que volontaires. Il fit quelques efforts pour vomir, mais ce fut sans résultat. Le pouls et la respiration étaient très-naturels. Il avait parlé au guichetier peu de minutes avant son arrivée. Chaleur de la peau normale. Je revins le voir dix minutes environ avant 7 heures. A ce moment, tout mouvement de respiration paraissait avoir cessé; les battements du cœur étaient faibles, la physionomie cadavérique, les pupilles fixes. Il fut porté alors à l'infirmerie. »

Il était accompagné de Hastie et d'un autre policeman. Lorsqu'on l'étendit sur le brancard, Hastie le vit retirer ses jambes avec adresse pour ne pas les laisser reposer sur le barreau de fer qui est à l'extrémité. Ce fut le dernier mouvement qu'il lui vit faire. Lorsqu'il fut porté dans la salle d'attente de l'infirmerie, il fut visité par l'élève de service, qui le trouva sans pouls et le déclara mort : c'était un peu après 7 heures.

Autopsie, faite soixante-trois heures après la mort. Corps bien conformé, fortement musclé. Pas de marques extérieures de violence. Lividités cadavériques sur le dos et dépendances. Une quantité considérable de sang fluide s'écoule du péricrâne et des sinus longitudinaux, quand ils sont divisés. Léger épanchement séreux sous l'arachnoïde; deux drachmes environ de sérum clair dans les ventricules latéraux. Substance cérébrale entièrement ramollie; nombreux points sanguinolents à la section; à part cela, substance saine. Pas de fractures du crâne. Légères adhérences pleurales aux deux côtés en haut. Les deux sommets des poumons fortement plissés. A droite, au-dessous des plis, deux concrétions crétacées, grosses comme des pois, entourées de pneumonie chronique et de dépôts pigmentaires. A gauche, il n'y avait que de l'induration sous les mêmes plis, avec des particules dures, noires et graveleuses. Le reste des poumons était sain, quoique gorgés d'un sang fluide et noir. Cœur sain, mou et flasque : le sang des cavités était très-fluide, présentant seulement çà et là quelques petits caillots. Foie normal; rate molle, se laissant déchirer facilement sous les doigts. Les reins étaient d'un brun rougeâtre, ce qui était dû à la congestion veineuse; sains du reste. L'estomac contenait une masse pultacée, formée d'herbes vertes crues, ressemblant à du persil. Le contenu pesait onze onces et avait une odeur acide, légèrement spiritueuse. La membrane muqueuse était très-congestionnée, surtout à l'extrémité cardiaque. Il y avait là de nombreuses ecchymoses d'un sang rouge noir, dessous l'épithélium, dans un espace plus grand que la main. Intestins sains; traces de congestion veineuse sur la muqueuse. Vessie à l'état normal ; surface interne très-congestionnée veineusement. Dans toutes les parties du corps, le sang était de couleur noire, fluide, même dans le cœur et les gros vaisseaux.

Commentaires. L'absence de lésion de structure, la fluidité générale du sang me firent supposer que les végétaux trouvés dans l'estomac étaient de nature vénéneuse. En les examinant minutieusement, ils me parurent se composer surtout de feuilles vertes et de pétioles. Quoique tout fût réduit en pulpe, une portion considérable avait échappé à l'action des dents. Le soir même j'en portai un échantillon au docteur Christison, qui déclara que c'étaient des débris de *conium maculatum*. Le lendemain, j'en broyai quelques feuilles dans un mortier, avec addition de solution de potasse; l'odeur de souris caractéristique de la conicine se développa avec une telle intensité que le docteur Maclagan et d'autres personnes, sans savoir d'avance quelle était la nature du végétal broyé, prononcèrent de suite que c'était de la ciguë. Le docteur Christison se procura aussi un échantillon de la même plante, et, en le comparant avec les fragments trouvés dans l'estomac, il reconnut qu'ils étaient identiques. Nul doute, par conséquent, que cet homme fût mort par la ciguë.

Peu d'observations d'empoisonnement cicutaire ont été publiées jusqu'à présent; aucune n'a été prise minutieusement. Les effets qui lui ont été attribués d'après les premiers faits sont très-contradictoires. Dans quelques cas, il est dit que la mort a eu lieu par stupeur et coma; dans d'autres, on a constaté des convulsions semblables à celles de la phrénésie. D'un autre côté, les effets observés par le docteur Christison sur des animaux inférieurs, dans ses expériments avec l'extrait de ciguë et la conicine, sont totalement différents; il y a une paralysie d'abord des muscles volontaires, puis de la poitrine et enfin du diaphragme. En un mot, asphyxie par paralysie, sans insensibilité, avec de légères contractions seulement dans les jambes.

Le fait de Gow avait une importance considérable pour la question de savoir si la ciguë des temps modernes est le κώνειον, ou poison des Athéniens; c'est pourquoi j'ai pris la peine d'en recueillir l'observation complète, interrogeant toutes les personnes qui avaient vu le malade depuis le moment où il avait mangé la ciguë jusqu'à son entrée à l'infirmerie. Heureusement, il avait été observé par maintes personnes. Leurs divers rapports m'ont permis d'étudier ce fait d'empoisonnement et de le rendre assez complet.

D'après les diverses dépositions, il paraît démontré que le poison, peu de temps après avoir été pris, a frappé de faiblesse les extrémités inférieures, sans déterminer la moindre douleur, ce qui est prouvé par ce qui s'est passé dans la maison de Wright. La marche qui jusqu'alors n'avait eu que de l'hésitation, devient vacillante; Gow chancelle comme un homme ivre; enfin les jambes refusent de le porter, et il tombe. Quand on le relève, ses jambes traînent; lorsqu'on abandonne ses bras à eux-mêmes, ils tombent comme une masse inerte et restent immobiles. La paralysie complète des extrémités inférieures a été constatée exister une heure et demie après l'ingestion du poison; celle des bras une demi-heure plus tard.

Quant à la paralysie du sentiment, nous n'avons d'autre preuve que le chatouillement pratiqué aux aisselles par le Dr Tait, chatouillement qui produisit peu d'effet. L'amaurose prouve la paralysie d'un nerf de sentiment; elle paraît s'être produite lorsque a eu lieu la paralysie complète des extrémités inférieures.

Les fonctions excito-motrices étaient donc paralysées, le chatouil-lement des aisselles n'avait déterminé aucun mouvement. Gow avait perdu la faculté de déglutition. Le D' Tait dit que les efforts pour vomir avaient été sans résultats. Il n'y eut pas de convulsions, seulement de légers mouvements accidentels dans la jambe gau-che ; enfin les deux membres inférieurs se retirèrent lentement en haut, lorsqu'on plaça Gow sur le brancard. Trois heures après l'empoisonnement, les mouvements respiratoires avaient cessé ; les pupilles étaient fixes. A ce moment, l'action du cœur parut très-faible ; dix minutes plus tard, ses mouvements cessaient.

L'intelligence est restée intacte presque jusqu'au dernier mo-ment. Tout en marchant irrégulièrement, il semblait diriger ses pas d'un point fixe à un autre. Lorsque la paralysie des extrémités inférieures fut complète, il indiqua le chemin qu'il fallait prendre pour le ramener chez lui, et rendit compte des accidents qu'il éprou-vait. Deux heures après l'ingestion de la ciguë, quand il fut porté au poste de la police, quoiqu'il ne pût pas avaler, il donna son adresse. Un quart d'heure après, quand il vit le D_r Tait, quoiqu'il ne pût parler, il paraissait avoir sa connaissance et tourna la tête de son côté.

La mort a eu lieu environ trois heures et quart après l'empoi-sonnement : elle a été évidemment causée par l'asphyxie graduelle due à la paralysie des muscles de la respiration. Les lésions obser-vées sur la membrane muqueuse de l'estomac ont été probable-ment déterminées par la fluidité anormale du sang, et, à son tour, cet état du sang par l'asphyxie graduelle.

Les phénomènes observés dans ce cas confirment pleinement l'action physiologique de la ciguë, telle qu'elle a été décrite par le D' Christison, d'après ses expériences sur les animaux. La ciguë agit évidemment sur la moelle épinière, en produisant des effets directement opposés à ceux de la strychnine. La paralysie des mus-cles volontaires, procédant de bas en haut, en est le symptôme ca-ractéristique, avec l'absence de douleurs ou l'intégrité des fonctions intellectuelles. Quelques auteurs ont cité des cas de délire et de phrénésie ; d'autres, du vertige et des convulsions ; mais ces sym-ptômes n'ont point été observés dans le cas de Gow, ni dans les ex-périments du D' Christison sur les animaux. Evidemment les symptômes décrits par Platon dans la mort de Socrate ressemblent, aussi près que possible, à ceux qui se sont montrés chez Gow. Nous savons que Socrate fut invité par l'exécuteur de la justice à se promener, après avoir avalé le poison, jusqu'à ce qu'il sentît ses jambes s'appesantir. Il le fît, puis se coucha. En pressant ses pieds et ses jambes, on les trouva insensibles; l'exécuteur déclara qu'elles étaient froides et raides. Quand la paralysie arriva au ventre, Socrate fit une demande à Criton : preuve que son intelligence était intacte. Peu de temps après, il eut des convulsions; ses yeux devinrent fixes et il mourut. Nous ne pouvons assurer qu'il y ait eu de la raideur chez Gow. Platon, dans son récit, ne dit pas si les convulsions furent violentes ou non ; mais chez Gow on a observé de légers spasmes.

Il faut remarquer que Socrate était couché lorsqu'il sentit la paralysie ; le philosophe n'a donc pas pu chanceler et tomber par terre, comme l'a fait Gow en pleine rue.

La description des effets du κώνειον, faite par Nicandre, vient s'appliquer ici avec la plus grande exactitude ; le Dr Christison l'a traduite dans son mémoire. Si l'on fait abstraction de la partie poétique de cette description, si l'on se rappelle l'amaurose, la titubation, la chute dans la rue, la difficulté de déglutition, et si l'on met en dernier lieu la perte des facultés intellectuelles, le récit de Nicandre concorde très-bien avec ce qui a été observé chez Gow.

L'opinion est partagée sur la question de savoir si le *conium maculatum* des botanistes modernes est le κώνειον des anciens Grecs. Je n'ai pas qualité pour me mêler à cette controverse botanique. Mais, si l'on compare le fait de Gow avec les descriptions de Platon et de Nicandre, il est tout en faveur de ceux qui soutiennent l'identité des deux plantes. (J.-H. Bennet, *Clinical Lectures*. Edinburgh, 1868.)

Obs. II. — Pour juger de l'énergie du conium sur l'économie, Fountain en prépare un extrait avec des semences et en avale douze grains. Il resta une demi-heure sans rien ressentir : pensant alors que cet extrait n'aurait pas d'action, il sortit à cheval. A peine dans la rue, il eut des éblouissements ; des points brillants scintillaient devant ses yeux et étaient doués de mouvements rapides, ce qui le forçait à tourner la tête de côté afin de les suivre.

Il vacillait sur sa selle, n'avait point de vertige et n'éprouvait pas de sensation désagréable à la tête, si ce n'est une faible sensation de légèreté. Bientôt il eut dans les doigts des engourdissements qui, s'étendant jusqu'aux coudes, occasionnaient de la raideur musculaire et empêchaient les mouvements de flexion de l'avant-bras sur le bras. Après quelques minutes, il éprouva la même sensation d'engourdissement gagnant graduellement et lentement l'articulation coxo-fémorale.

Ses yeux s'alourdirent alors, et Fountain les essuyait continuellement, comme pour chasser un voile qu'il aurait eu sur les paupières. Le pouls était petit et faible, mais pas plus fréquent que d'ordinaire. Fountain descendit alors de cheval et eut tant de peine à marcher, qu'il implora le secours d'un passant et se fit reconduire chez lui.

Les extrémités inférieures étaient presque paralysées ; mais il ressentait si peu de douleur qu'il se mit même à rire de la position dans laquelle il s'était si volontairement placé. Poussé par les personnes qui l'entouraient et désireux de se débarrasser de ce malaise qui ne le quittait pas, il se mit à fumer. Soit que le tabac, dont il avait l'habitude, le réconfortât, ou que la nicotine agît comme antidote de la conicine, dit Fountain, il se trouva bientôt guéri ; la vue s'éclaircit, les membres devinrent moins paresseux, et tant qu'il fut assis, il n'éprouva plus rien. Mais, ayant essayé de se lever, il sentit que ses jambes fléchissaient sous lui. Toute la journée, il resta incommodé. Son intelligence était nette, il ne nota d'ailleurs aucune excrétion du côté des intestins et des reins. Il éprouvait une sorte de vide dans la poitrine ; la circulation y paraissait ralentie. Avec quelques grains de plus, dit Fountain, la paralysie eût pu devenir complète, et des convulsions eussent succédé, sans doute, aussi bien à la fatigue musculaire qu'à des troubles de la circulation. (Hosea Fountain, *American Journal of the med. science*, 1846. — Extrait de la thèse Casaubon.)

Obs. III. — Après avoir pris 3 drachmes de suc de conium de la pharmacopée anglaise, je sortis en me promenant. Trois quarts d'heure après, j'éprouvai dans les talons un sentiment de pesanteur. Il y avait une diminution positive du pouvoir moteur. Je sentais, pour ainsi dire, que la puissance de marcher était sortie de moi. Je ne me sentais point fatigué, mais il me semblait que j'avais été comme subitement crocheté et qu'il m'était impossible de marcher, si j'avais eu besoin de le faire. Après avoir monté pendant un mille, cette sensation devint très-marquée. En posant un pied sur le grattoir de la porte de l'hôpital, l'autre jambe tremblait et semblait trop faible pour me supporter. Mes mouvements me paraissaient gauches, et il me semblait nécessaire de faire un effort pour les rectifier ; en même temps il y avait paresse dans l'accommodation des yeux. Ma vue était bonne pour les objets fixes; mais lorsqu'un objet inégal était mis en mouvement devant mes yeux, j'avais du brouillard et des troubles dans la vue, ce qui produisait une sensation de vertige. Le pouls et les pupilles étaient dans leur état normal. Ce furent là tous les phénomènes produits. Ils continuèrent pendant une heure, puis ils disparurent avec rapidité, me laissant en parfait état de santé. (Harley, *The old vegetable neurotics*. London, 1869, p. 3.)

Obs. IV. — Je donnai à un homme de 57 ans, de forte musculature, le suc de conium à dose progressive, depuis 3 drachmes jusqu'à 1 once. Il n'y eut aucun effet de produit avant la dose de 6 drachmes. Vingt minutes après avoir avalé cette dose, le sujet fut pris d'un vertige soudain et d'une telle faiblesse des jambes qu'il lui fut impossible de marcher et qu'il fut obligé de se coucher. Il y eut en même temps de la douleur au niveau des sourcils et troubles de la vision. Il pouvait difficilement élever les paupières qui lui semblaient abaissées par un poids considérable; il y avait de la disposition au sommeil. Au bout de vingt minutes, il se leva et fit un mille à pied ; ses jambes étaient si faibles qu'elles ne pouvaient pas le porter ; ses genoux fléchissaient en avant; la marche était chancelante. Une heure et demie après avoir pris le poison, ses effets avaient entièrement disparu; il se trouvait comme auparavant. Une autre fois le même individu prit une once de suc ; les mêmes accidents survinrent ; le vertige et la faiblesse arrivèrent si rapidement qu'il serait tombé si on ne l'avait soutenu; les symptômes furent plus intenses et durèrent plus longtemps. (Harley, p. 5.)

Obs. V. — Une jeune femme délicate, à habitudes sédentaires, prit 4 drachmes de suc de conium. Vingt minutes après, tout en se livrant à ses occupations ordinaires, elle éprouve des nausées et du vertige. Elle laisse tomber un encrier qu'elle avait entre les mains, devient incapable de marcher, et se voit forcée de se tenir en position couchée. Ces symptômes s'étaient développés avec une promptitude alarmante; le pouls monta à 120 par suite de l'émotion; mais quelques minutes après le cœur redevint tranquille. La malade était à l'aise, fort calme; toutefois il lui était impossible de remuer les bras ou les jambes. Une heure après la prise du conium, la paralysie était presque complète. Les paupières étaient fermées; les pupilles largement dilatées; l'intelligence nette, calme, active; la jeune femme s'exprimait fort aisément; elle s'efforçait de lever les paupières quand on la priait de le faire; mais elle ne pouvait les détacher de leurs bords. Pouls et respiration à l'état normal, peau chaude. Au bout d'une heure, ces symptômes disparurent. Trois heures après, elle avait recouvré toute son activité et repris ses occupations. Le lendemain elle ne se plaignait que d'une légère douleur de fatigue dans les jambes. (Harley, p. 6.)

Obs. VI. — Un laboureur de 48 ans dîna un jour de janvier de viande et de racines de panais qu'il avait fait bouillir. Il avait arraché lui-même ces racines au moyen d'une pioche, la terre étant fortement gelée, et son attention avait été attirée plus spécialement sur l'une d'elles, qu'il avait prise d'abord pour une racine de raifort, mais qu'il avait néanmoins mangée avec tout le reste, lui trouvant une certaine douceur; cette racine avait, dit-il, 4 ou 5 pouces de long et elle était un peu plus grosse que le pouce. M. Wilson put se convaincre par quelques échantillons qui lui furent montrés, qu'il s'agissait d'une racine de ciguë.

Le dîner eut lieu à midi et demi; à une heure, le malade se mit au travail à son champ, mais il n'avait pas plutôt commencé qu'il éprouva des vertiges et une sécheresse de gosier; il soupçonna que la racine suspecte qu'il avait mangée pouvait l'avoir empoisonné, et il se hâta de rentrer chez lui; il fit la route (40 mètres environ) avec beaucoup de peine; ses jambes étaient peu solides, et tout semblait animé autour de lui de mouvement d'avancement et de recul. Il s'affaissa sur une chaise à son arrivée; c'est alors que M. Wilson le vit; il était deux heures.

Ses membres inférieurs à ce moment sont engourdis, encore sensibles, mais complètement paralysés. Grande faiblesse dans les bras, avec sentiment d'engourdissement; facies coloré et anxieux; le malade dit qu'il va mourir. Peau chaude et sèche. Pouls à 90.

50 centigrammes de cuivre qu'on administre provoquent immédiatement des vomissements. Les matières vomies ne sont pas conservées. A quatre heures, le malade pouvait se tenir debout et faire quelques pas dans la chambre. Depuis ce moment jusqu'à six heures, il y eut émission d'une grande quantité d'urine. Quelques hallucinations, avec sensation de froid de temps à autre.

A huit heures, extrémités froides, pupilles dilatées, pouls à 90. Sensation très-vive de sécheresse de la peau et du gosier. Constipation. Un peu de délire par moment pendant la nuit. Le lendemain, on prescrivit de l'huile de ricin, thé et potages de gruau pour régime, et en deux jours le malade recouvra son état de santé habituelle. (Wilson, *The Lancet*, sept. 1871.)

J'ai mis les observations les plus récentes à la suite de celle de Bennet : celles qui suivent sont beaucoup plus anciennes et viennent en tout ou en partie confirmer les premières.

Obs. VII. — Eamdem cicutam, cum paupercula pro pastinacæ radicibus cibi loco comedisset, cœpit divexari strangulatione, cæcutire, delirare, temulenta veluti, nec pedibus stare poterat, nec deglutire oblata. Filia idem passa erat; cum autem statim vomeret, brevi liberata est (Bauhin, in Schenckii *observationes*).

Obs. VIII. — Cuidam contigit apud *Timæum de guldenklee*, L. 7, C. 4, qui post comestas radices cicutæ, loco petroselini, cum bubula coctas, vinum absinthites bibit, unde cordis angustia, dyspnæa, vertigo tenebricosa, singultus aliquandiu mitigata, recruduerunt, accedentibus strangulationis metu et virium exsolutione : cui postea mox vomitum movit, et alexipharmaca dedit, at non efficere potuit quin ad tertium mensem cordis angustia et dyspnæa perdurarent (in Wepfer, p. 321).

Obs. IX. — Au dire de Mathiole, les ânes de Toscane, quand ils mangent de la ciguë, tombent dans un sommeil si profond et un tel état de torpeur qu'ils semblent morts. Parfois il est arrivé à des paysans ignares de vouloir les écorcher pour en avoir la peau et de voir les pauvres bêtes ressusciter au milieu de l'opération. (Mathiole, L. 4, 74.

Obs. X. — Daniel Gruel œnopola Colbergensis, cum in prandio carnes bubulas radicibus cicutæ loco petroselini per ignorantiam conditas comedisset, illico in cordis angustiam, spirandi difficultatem, oculorum socotomiam et singultum incidit; ventriculi vitio hæc evenire ratus, haustum unum atque alterum vini absinthites assumsit, et melius quodammodo habere visus est, paulo post repetentibus modo dictis symptomatibus, accedente insuper et strangulationis metu viriumque exsolutione, opem meam implorabat. (Waldschmidt, *Opera medico-pratica*, t. I, Francof. ad Moenum, 1707.)

Obs. XI. — Un jeune homme, âgé de dix-huit ans, à la suite d'une infection vénérienne, fut atteint de deux bubons qui furent ouverts. Ils furent traités d'après la méthode ordinaire et présentèrent d'abord un aspect favorable. Mais, lorsqu'ils étaient sur le point de se cicatriser, ils commencèrent à s'ulcérer à leurs bords, s'étendant dans toutes les directions.. On essaya un grand nombre de médicaments, et particulièrement le mercure sous différentes formes, mais avec peu ou point d'avantages. L'extrait de ciguë fut le médicament qui produisit les meilleurs effets, et il fut administré en quantité extraordinaire. Pendant quelque temps, le malade en prit une once dans la journée ; la dose fut ensuite portée à une once et demie, à deux onces et même à deux onces et demie. Ce médicament produisit des troubles de la vision, et même la cécité, la perte de la voix, le prolapsus de la mâchoire inférieure, une paralysie temporaire des extrémités, et une ou deux fois, la perte de la sensibilité ; et, bien que chaque soir le malade fût en quelque sorte dans un état d'intoxication complète par l'emploi de la ciguë, sa santé générale, loin d'en souffrir, suivit dans son amélioration l'amendement des ulcères. Cependant ces derniers ne purent être entièrement guéris par l'emploi de la ciguë, et entre autres médicaments, l'éthiops minéral et les pilules de Plummer furent administrés largement, en apparence avec avantage. On revint de temps en temps à la ciguë... Les ulcères étaient presque entièrement cicatrisés, après avoir tourmenté le malade pendant plus de trois ans, lorsque, après quelques irrégularités dans le régime, voyant que les ulcères allaient moins bien, il revint à l'extrait de ciguë qu'il avait abandonné depuis quelque temps, et de son propre mouvement, il en avala dix drachmes dans la matinée. Cette dose n'était que la moitié de ce qu'il avait pris auparavant en vingt-quatre heures ; mais à cette époque sa constitution avait été habituée graduellement à l'action de cette substance. Les dix drachmes de ciguë produisirent beaucoup d'agitation et d'anxiété; il tomba de sa chaise, privé de sentiment, fut pris de convulsions et expira dans l'espace de deux heures. (John Hunter, *Œuvres*, trad. Richelot, 1843, t. II, p. 508.)

Obs. XII. — J'ordonnai à une personne menacée de cancer des pilules d'extrait de ciguë, fait à la manière de M. Störck. L'usage de ces pilules causa un engourdissement dans les extrémités inférieures qui inquiétait la malade. Cet effet avait été déjà observé par M. Lorry (1). J'ordonnai de joindre à l'extrait de ciguë le double de son poids de camphre : l'effet cessa entièrement; à la place il survint un peu d'ardeur et de chaleur qui se dissipèrent bientôt. Cette malade continua ses pilules et en augmenta graduellement la dose sans inconvénients. (Hallé, *Histoire de la Société royale de médecine*, 1782.)

Obs. XIII. — Earle et Wight, en 1845, expérimentent la ciguë sur eux-mêmes, et observent qu'elle amène d'abord un sentiment de fatigue dans les jambes, puis une courbature générale, une sorte de langueur; plus tard, disent-ils, on se sent fléchir sur les

(1) Stuporem ab ipsa (cicuta) cruribus inductum in eadem fœmina pluries observavi (Lorry, *De præcipuis morborum mutationibus et conversionibus*. Parisiis, 1784).

jambes; c'est à peine si on peut lever les bras, la tête est lourde, serrée; on éprouve des vertiges, des défaillances suivies de sueurs froides; les urines sont abondantes; la peau est le siége d'un fourmillement désagréable, et l'on observe dans certains cas des éruptions érythémateuses. En même temps la vue est obscurcie, l'ouïe devient moins fine, et dans l'expérience qu'il a faite sur lui-même, Wight est resté quelque temps aphone. (*Dictionn.* Jaccoud.)

Obs. XIV. — Un jeune homme que le professeur chérissait entre tous, de la santé la plus florissante, se croyant sous l'empire d'une prétendue infection vénérienne, se mit à l'usage continué outre mesure de la ciguë. Il perdit ses couleurs, sa vivacité, l'appétit, le sommeil; toutes les fonctions se dérangèrent; enfin, il fut atteint d'une fièvre tierce cholérique. Le kina et l'opium, secondés par un bon régime, arrêtèrent les accès et procurèrent la guérison; mais il resta au jeune homme une telle langueur d'estomac, qu'au moindre excès il survenait incontinent de mauvaises digestions, des bourdonnements dans la tête, des tintements d'oreille, une langueur excessive des membres inférieurs et de fréquents accès de fièvre périodique. (Del Chiappa, *Gaz. médicale*, 1833, p. 640.)

Obs. XV. — Chez deux enfants qui n'avaient ingéré qu'une petite quantité de feuilles de ciguë à l'état de jeune pousse, la face était pâle et livide, les pupilles dilatées, le pouls faible et ralenti, à peine perceptible; tous deux se plaignaient d'une extrême lassitude et de somnolence, tous leurs mouvements ressemblaient à ceux d'une personne bien fatiguée; il n'y avait pas de paralysie.— L'action d'une dose plus forte se traduisait, chez deux autres enfants, par les symptômes suivants : aspect cadavérique, face pâle et livide, pupilles largement dilatées et immobiles, mâchoire inférieure pendante, ainsi que la langue. La respiration seule, très-ralentie d'ailleurs, indiquait que la vie n'était pas éteinte; le pouls radial ne se faisait plus sentir, l'impulsion du cœur et ses bruits étaient même si faibles que M. Skinner resta dans le doute sur leur existence. — Chez les deux premiers enfants, un vomitif et des boissons stimulantes firent bientôt cesser les accidents; chez les deux autres, il fallut vider l'estomac à l'aide d'une pompe, et,

malgré l'emploi de l'électricité et des moyens excitants et révulsifs
les plus puissants, on eut beaucoup de peine à réveiller la vie près
de s'éteindre. Dans tous ces cas, il n'y eut ni délire, ni convulsions,
ni vomissements, ni diarrhée. (Skinner *Liverpool med. chir. journal*, juillet 1858.)

Obs. XVI. — Alderson mentionne un cas où le *conium maculatum*, à haute dose, produisit une paralysie générale. La mâchoire
inférieure était abaissée; la salive sortait de la bouche; l'urine s'é-
coulait goutte à goutte de la vessie, et le sphincter du rectum ne
pouvait retenir les matières qui se trouvaient dans cette dernière
partie du canal intestinal : en un mot, tous les muscles volontaires
avaient perdu leur énergie, et le malade resta pendant plus d'une
heure dans l'état le plus déplorable, sans pouvoir se mouvoir ni
faire le plus léger effort, quoique la sensibilité fût toujours intacte. On employa les stimulants et il se rétablit. (Cité dans Pereira.)

Les phénomènes de paralysie dominent dans l'empoisonnement de forme socratique. La paralysie du mouvement est bien plus fréquente que celle de la sensibilité : celle-ci est postérieure et appartient, quand elle
s'accuse, à la période avancée de l'empoisonnement.
L'engourdissement en est le premier degré, de même
que la faiblesse pour la paralysie de la motilité. Dans
les empoisonnements à doses peu toxiques, les phénomènes se bornent souvent à l'engourdissement et à la
parésie. Ce sont les extrémités qui sont principalement
le siége de ces paralysies ; les extrémités inférieures le
plus souvent et de préférence, quelquefois les quatre
membres à la fois. Agasson a cité une observation où il
y avait paralysie des jambes et convulsions des bras.
On a eu raison, dans la majorité des cas, de comparer
ces accidents à une paralysie ascendante : toutefois,
chez les animaux, on a vu, mais seulement par excep-

tion, le train antérieur se paralyser avant le postérieur. Roussel et Casaubon en ont fourni chacun un exemple.

J'appelle l'attention sur la paralysie des paupières supérieures. L'individu de Bennet fit un effort pour regarder et ouvrit *légèrement* les paupières. Deux sujets d'expériment de Harley ne pouvaient pas les relever (1). Dans une observation de Simon Paulli, il est dit : « Adeo languebant ut *palpebras attollere non possent*. » Je parlerai plus tard en détail, à l'analyse des symptômes, des autres paralysies qui se produisent sur le pharynx, le larynx, la langue et les mâchoires.

Depuis vingt-cinq ans, les nombreuses expérimentations faites sur les animaux sont venues confirmer tous

(1) Harley a constaté le même fait sur les chevaux. Voici une observation ou expérience qui lui est due. Je la traduis en entier à raison de son intérêt : — On a mis en doute que le cheval fût sensible à l'action de la ciguë. Ce doute est levé par les expériences suivantes que j'ai faites sur un poulain de deux ans, de concert avec M. Frederick Mavor. A un intervalle d'une semaine, nous lui donnâmes successivement le suc de conium de la pharmacopée, à la dose de six, huit, douze et seize onces par la bouche. Il n'y eut d'effet produit qu'avec la dernière dose qui représente une livre de feuilles fraîches. Trente-cinq minutes après avoir avalé le poison, nous remarquâmes que l'animal était immobile, les oreilles tombées, la tête et le cou pendants, les paupières supérieures enflées et abaissées, couvrant presque les yeux. Cinq minutes après, l'animal tomba sur ses genoux, et en voulant reprendre sa position première, faillit être renversé à terre. Après avoir un peu bronché, il se remit sur ses pieds, et resta pendant vingt minutes dans le même état d'engourdissement et de tranquillité qu'auparavant, excepté que de temps en temps il portait un membre en avant ou en arrière, ce qui l'obligeait à faire des efforts pour se remettre en équilibre. Au bout de ce temps, il se mit à marcher, mais en bronchant un peu, lentement et languissamment, les oreilles basses, la tête et le cou abaissés, les paupières demi-fermées. Deux heures après, il n'y avait plus rien ; l'animal avait repris sa vivacité. La tête et les oreilles étaient droites. La tuméfaction et l'abaissement des paupières, suite de la paralysie des muscles élévateur et orbiculaire, avaient disparu. Cet expériment de Harley confirme amplement Chomel que nous avons cité en note, p. 40.

ces faits. — Le symptôme initial, disent MM. Devay et Guilliermond, que le poison détermine presque constamment est une paralysie du train postérieur, à laquelle succède une émission involontaire des urines. L'animal semble, avec ses pattes de devant, traîner comme un poids incommode la partie postérieure qui est presque inerte ; puis, peu de temps après, surviennent les convulsions. — Dans la plupart des expériments, dit Van Praag (1), les convulsions étaient précédées par des symptômes de paralysie progressive, qui consistaient en marche vacillante, nécessité de s'appuyer contre les murs, tête penchée, besoin de se coucher, fléchissement des genoux en marchant, impossibilité de se tenir debout. Puis venaient les convulsions qui étaient toujours suivies de tremblement musculaire. — Van Praag note comme phénomènes moins constants, l'abaissement de la membrane clignotante sur l'œil, la rétraction de l'oreille, le mâchonnement, une bave continuelle et la difficulté de déglutition. La sensibilité générale n'est ni exaltée ni diminuée.

Dans ses recherches sur l'action de la conicine (2), Guttmann établit, d'après ses expériences sur des grenouilles, lapins et oiseaux, que l'action constante de cette substance est la paralysie de tout mouvement volontaire, qui commence par les extrémités pour se terminer aux muscles respiratoires.

Suivant Werigo, la conicine agit d'une manière marquée sur la moelle, et principalement sur les cor-

(1) Leonides van Praag, *Coniin. toxicologische-pharmakodynamische Studien*, in *Journal für Pharmakodynamik, Toxicologie und Therapie*, von Reil ; Berlin, 1856.
(2) Berlin. Klin. Wochensch., 1866.

dons moteurs. Sur les grenouilles, elle s'accuse par des
phénomènes de paralysie, sans traces de convulsions;
chez les mammifères, à forte dose, production de violentes convulsions, tandis que les faibles doses n'abou-
tissent qu'à la paralysie des extrémités. Les convulsions
sont toujours des signes annonçant la mort (1).

Roussel relate quarante-cinq expériences avec la
conicine sur des animaux divers, rats, chats, chiens et
chevaux. Il résume ainsi le résultat de ses expériences :
— Nous constatons en premier lieu une action manifeste sur le train de derrière. Cette action est caracté-
risée par une raideur assez faible d'abord, mais qui
devient bientôt de plus en plus grande et arrive ainsi
de degrés en degrés jusqu'à une sorte de tétanos. Une
raideur semblable envahit ensuite le train antérieur
et suit la même marche. Une seule fois, mais une exception ne peut infirmer la règle, ces phénomènes ont été
renversés, et la raideur a débuté par le train de devant. Cette convulsion tonique gagne bientôt les muscles de la tête, du cou, de la queue, de l'abdomen, du
thorax, et enfin le diaphragme lui-même, et l'on s'explique maintenant comment la mort peut arriver par
asphyxie. Si la dose n'a pas été assez forte pour entraî-
ner la mort, les phénomènes musculaires se bornent là
et l'on voit, l'action des muscles revenant peu à peu,
l'état normal se rétablir. Mais il en est autrement si la
dose a été forte. L'animal qui d'abord a présenté une
marche difficile, irrégulière, saccadée, s'arrête, semble
paralysé : il glisse en arrière, essaie de se retenir avec
les pattes de devant; celles-ci refusant le service, il
s'accule et s'écrase. L'animal est pris en cet instant

(1) Archiv f. gericht Medicin.; Petersburg, 1865-66.

d'une anxiété extrême, son corps se couvre d'une sueur abondante, les peaussiers se contractent énergiquement, un tremblement général survient, et les convulsions apparaissent. Quelle que soit l'espèce d'animal, celles-ci n'ont jamais manqué quand la chute a eu lieu. Dans leur apparition, ces accidents cloniques suivent la même marche que les convulsions toniques auxquelles elles succèdent. Tantôt fortes, tantôt moins accusées (les chevaux présentent moins que tous les autres ce phénomène), elles ont généralement une courte durée, mais on doit les considérer toujours comme un avant-coureur de la mort, quoique nous ayons encore ici une exception à la règle.

Il est inutile de prolonger les citations. On retrouve les mêmes faits dans Nega, Albers, Murawjew, Schroff, Kœllicker, Funke, Danilewski, Casaubon, Pélissard et Joyet, Martin-Damourette et Pelvet (1).

La pathogénésie de Hahnemann n'offre qu'une image affaiblie des phénomènes paralytiques de la ciguë. La locomotion n'est pas arrêtée, mais il existe une fatigue et une faiblesse extraordinaires qui déterminent une grande répugnance à marcher. La fatigue musculaire est surtout notable le matin. Les bras et les jambes sont fatigués, les genoux tremblent, et après quelques pas l'expérimentateur est fatigué et obligé de se coucher. Aux extrémités, fatigue et faiblesse surtout aux infé-

---

(1) Nega, Schmidt's Jahrbücher, 1850. — Albers, *Deutsche Klinik*, 1853. Murawjew. *Praktische Bemerk. über das Gebrauch des coniin.* Med. Zeit. Russlands, 1854. — Schroff, *loc. cit.* — Kœllicker. *Virchow's Archiv.* 1856, — Funke, *Schmidt's Jahrbücher*, 1859. — Lemattre, *du mode d'action physiolog. des alcaloïdes*, Thèse de Paris, 1865. — Danilewski, *Archiv f. Anat. und Physiologie.* — Casaubon, *loc. cit.* — Pélissard et Joyet, *Gazette médic.*, 1869. — Martin-Damourette et Pelvet, *id.* 1870.

rieures, avec engourdissement des doigts et des orteils,
les premiers comme s'ils étaient morts. Si Hahnemann
ne reproduit pas les grands accidents toxiques, cela
tient à ce qu'il n'a expérimenté qu'avec des doses atté-
nuées.

Reprenons maintenant le récit de la mort de Socrate
pour en démontrer la concordance avec tous les faits
précédemment exposés.

*Socrate qui se promenait dit qu'il sentait ses jambes s'ap-
pesantir.* — C'est le début de la paralysie ; *gravitas totius
corporis*, a dit *Santes de Ardoinis*. Ce symptôme se devine
dans l'observation Bennet : il est mentionné dans l'expérience personnelle de Harley. Les deux individus
sur lesquels le médecin anglais a en outre expérimenté sont obligés de se coucher, comme le philosophe
athénien à qui l'*homme* avait ordonné de le faire. Le
bourreau d'Athènes savait son métier. S'il était prescrit
aux condamnés de se coucher, dès qu'ils sentaient
leurs jambes s'appesantir, c'était une nécessité imposée
par la paralysie progressive de la ciguë : ce qu'on voit
dans l'observation Bauhin. Démosthènes, après avoir
pris la ciguë « dit qu'on le soutînt par dessous les aisselles, parce qu'il commençait déjà fort à trembler sur
ses pieds, et en cuidant marcher, il tomba en terre là
où jetant un soupir, il rendit l'esprit » (Plutarque, *traduction d'Amyot*). La faiblesse des jambes est signalée par
Earle et Wight, Chiappa et Skinner. La paralysie est
notée par Hunter, Fountain, Alderson et Wilson. Le
synonyme *paralysis* de Dioscoride est confirmé ; mêmes
accidents chez les animaux.

*Il lui serra le pied fortement et lui demanda s'il le sentait :
il lui dit que non.* — La paralysie de la sensibilité est ici

nettement formulée par la bouche même de Socrate.
Les ânes de Mathiole étaient insensibles. Le jeune
homme de Hunter, dans son état de cicutisme, eut une
ou deux fois perte de la sensibilité. Sous le nom d'engourdissement des extrémités et de *stupor crurum*, Hallé
et Lorry ont peut-être vu des anesthésies plus ou moins
complètes. Le chatouillement pratiqué aux aisselles de
l'individu de Bennet produisit peu d'effet. Diminution
de la sensibilité dans le fait de Wilson ; engourdissement
des extrémités inférieures dans celui de Dyce Brown,
cité plus tard. Scribonius Largus avait donc raison de
dire : *nihilque sentiunt*, et Guainerius : *sensum amittit*.

Il fit voir que son corps se glaçait et se raidissait. — Socrate eut donc du refroidissement et de la raideur ou
convulsion tonique.

Le symptôme refroidissement était si traditionnel
chez les Grecs qu'Aristophane y fait allusion dans ses
Grenouilles (1). Il est affirmé dans Nicandre, Dioscoride,
Scribonius Largus, Avicenne, Ardoinis, Paré et Hunter.
L'observation moderne l'a signalé également. Dehaën,
l'ennemi de Störck et de la ciguë, cite le refroidissement socratique parmi les accidents reprochés à la
plante (2). Earle, Wight et Harley ont constaté des
sueurs froides. Judd a noté dans ses expériences sur
les chats un abaissement de la température générale
(Wood). L'empoisonné de Haaf avait les extrémités
froides. Il se plaignait même d'avoir très-froid. L'observation de Wilson est celle où l'on voit le mieux se

(1) εὐθὺς γὰρ ἀποπήγνυσι τἀντικνήμια (vers 125).

(2) Socraticum per artus gelu, multis septimanis molestum et ad mortem usque perseverans, in publico civitatis ministro sub usu cicutæ geni-
tum, bini clari et seniores urbis medici mecum gemebundi viderunt
(Dehaën, *De cicuta*).

dessiner le symptôme. Werigo, expérimentant sur les animaux, a constaté une diminution de la chaleur de la peau. Dans une expérience de Casaubon sur un rat, l'animal meurt en dix-huit minutes : à ce moment l'animal était tout froid. Voici ce que dit à ce sujet ce dernier auteur. — Léonides van Praag est le seul qui ait parlé de l'action de la conicine sur la chaleur animale ; il prétend que l'alcaloïde de la ciguë fait baisser la température interne. A la dernière période de l'empoisonnement peut-être, mais au début des intoxications, nous avons noté une fois une augmentation de la température assez sensible, et dans la majorité des cas, surtout dans les intoxications brusques, rapides, même après la mort, alors que les surfaces cutanées et les extrémités étaient déjà refroidies, nous avons toujours remarqué que la température ne variait pas, ou ne présentait que de très-légères variations..... La conicine à dose rapidement mortelle n'a pas d'action élective sur la température ; celle-ci est subordonnée à la circulation : que le cœur soit accéléré, il y aura élévation de température ; qu'il soit malade, il y aura abaissement (p. 157).

Si l'on constate difficilement le refroidissement externe dans les intoxications rapides et mortelles en moins d'une heure chez les animaux, cela n'empêche pas que, dans une période plus longue, le refroidissement socratique ait existé, et qu'il ait été constaté de notre temps dans l'observation de Wilson.

Quant à la raideur, nous retrouvons ce phénomène dans nos observations. Fountain éprouva des engourdissements avec raideur musculaire, empêchant la flexion de l'avant-bras sur le bras. L'étudiant de Castleton, arrivé à deux grammes d'extrait, éprouva des contractions musculaires ; à quinze grammes de racine, il eut de l'épilepsie. Chez les enfants de Bianchi, muscles contractés, surtout les extenseurs de la colonne vertébrale et les muscles des extrémités. La femme de Dyce Brown eut du trismus : l'engourdissement s'accompagnait de raideur dans les membres, toute différente de la sensation de ne pouvoir les remuer. Les convulsions, soit cloniques, soit toxiques, ont été fréquemment observées dans les empoisonnements, et aussi dans les expériments sur les animaux, comme il sera dit bientôt, en traitant de la forme délirante et convulsive.

Peu de temps après, il fit un mouvement convulsif. Chez les animaux, les convulsions précèdent la mort : chez l'homme, nous retrouvons les convulsions terminales dans les observations de Hunter et de Wilson.

Ses regards étaient fixes. — Ce symptôme terminal a été noté dans les expériments sur les animaux. La dilatation de la pupille fait naturellement paraître le regard fixe. — Cette dilatation, au dire de Roussel, est constante à l'approche de la mort ; ce qui est aussi confirmé par d'autres.

Telles sont les concordances de l'empoisonnement socratique avec les faits modernes. L'observation est sans doute incomplète, mais les symptômes notés sont exacts. On ne pouvait pas exiger davantage des témoins qui rapportèrent à Platon les derniers moments de son illustre maître. Si le professeur Bennet eût assisté à la mort de Socrate, l'observation eût été complète avec autopsie. Il est donc prouvé, à l'encontre de Wepfer, que Platon n'a point fait une œuvre d'imagination et de rhéteur en racontant la fin du philosophe mourant par la ciguë. Le tableau a été fait d'après nature ; l'observation moderne en a reproduit d'assez nombreuses copies.

FORME DÉLIRANTE ET CONVULSIVE.

« Chose remarquable, écrivait M. Gubler, il y a peu de temps, à propos de la ciguë (1), les fonctions cérébrales demeurent intactes, de même que dans l'empoisonnement par la nicotine (?), et les observations modernes confirment le récit de Platon qui nous montre son maître assistant à sa propre fin avec la plénitude de ses facultés intellectuelles. »

Comme tant d'autres, le professeur de thérapeutique de la faculté de Paris s'est complètement trompé sur cette question. Les fonctions cérébrales sont loin de demeurer toujours intactes dans l'empoisonnement cicutaire : il est des cas nombreux où l'intoxication prend une forme délirante et même convulsive. Tous les empoisonnés par la ciguë ne meurent pas comme Socrate : il y a plusieurs formes d'empoisonnement. Il en est de même pour l'aconit, l'arsenic, la belladone... et tous les poisons, *hanc in Caio... illam in Titio*. C'est là la loi.

Il en existe une preuve péremptoire pour la ciguë. Nicandre parle positivement de l'action cérébrale de ce poison : Dioscoride mentionne le *mentis alienationem*, διανοίας παραφοράν, tandis que Galien donne le nom même de κώνειον aux accidents cérébraux de la ciguë : c'était un nom traditionnel. Témoin encore les synonymes grecs de Dioscoride ἄφρων, κατεχομένιον, qui concluent

(1) *Journal de Pharmacie*, de Méhu et Jungfleisch, décembre 1873.

directement au délire. Nous allons voir nombre d'observations modernes ne pas confirmer le récit de Platon, et démontrer que la ciguë, en dehors de la forme socratique, a d'autres processus pour mener de vie à trépas. Voici une série d'observations qui le prouvent; voir en outre les Obs. vi et vii précédemment citées.

Obs. XVII. — Hier. Tragus, L. I, c. 159, *Historia stirpium*, se vidisse refert mulierem quamdam honestam, quæ cum inter pastinacas radice cicutæ forte fortuna vesceretur, ebriam quasi et insanam redditam fuisse ut in altum scandere et subvolare conaretur, cui haustu aceti subventum est ut ad mentem rediret (*Friccius de virtute venenorum medica*).

Obs. XVIII. — Un paysan cueillit des racines de ciguë en guise de panais, et en mangea avec sa femme; après ils furent se coucher. Réveillés au milieu de la nuit, ils avaient perdu complètement la raison; ils couraient par la maison au milieu des ténèbres, tout en fureur, se frappant la tête, la figure et les yeux contre les murs; le matin, les voisins arrivèrent et les trouvèrent dans le plus piteux état, couverts de contusions et d'ecchymoses. Je suis appelé aussitôt et je constate, après avoir interrogé les domestiques, qu'ils ont mangé réellement de la ciguë, m'étant rendu sur les lieux mêmes où elle avait été arrachée; puis je reviens à mes malades, auxquels, grâce à Dieu, je rendis la santé. J'ai soigné aussi un moine franciscain qui fut pris, pendant plusieurs mois, tantôt de démence, tantôt de fureur, après s'être empoisonné avec de la ciguë. (Analysé de Mathiole.)

Obs. XIX. — Novi ego duos ex insigni familia religiosos, quibus coquus famelicis primo loco ferculum ex radicibus petroselini, ut credebatur, incoctis apposuisset (erant autem cicutæ, quæ ita sunt similes petroselino, ut non nisi odore discerni possint) quod illi appetitu stimulati cupidissime adoriuntur. Vix autem in stomachum descenderat cibus, cum virulentia vires explicat, siquidem caput utriusque tam horrendis fuliginum exhalationibus opplevit, ut uterque mente captus insignis et exoticæ insaniæ signa daret, primus in vicinum lacum se præcipitans in anserem mutatum esse

asserebat, alter disruptis vestibus se anatem profitebatur, nec
internum incendium extingui posse, nisi in amne contendebat.
Medicorum tam cathartica quam bezoordica adhibentium ope quidem in vita servati sunt, triennio tamen, quod ipsis vivendum
restabat, tremoribus et livoribus continuo vexabantur. (Athan. Kircher, *Scrutinium pestis Rom.*, § 2, C. 2.)

Les trois observations qui précèdent tombent sous le
coup de critiques qui ont été adressées à plusieurs faits
d'empoisonnement cicutaire mentionnés dans de vieux
auteurs. Ces critiques se trouvent formulées dans un
article récent de dictionnaire ; citons le passage : —
« Dans le nombre considérable de faits rapportés par
les auteurs avec un luxe de détails qui font de plusieurs
de ces observations de véritables petits romans, nous
trouvons peu de choses à mentionner. Des troubles de
la raison ont été observés, des accès de délire furieux ;
des gens qui se poursuivent en s'injuriant ; d'autres qui
se jettent dans une mare sous l'empire d'une hallucination ; des hommes qui ont perdu toute puissance
génésique, des femmes qui ont vu, à tout jamais,
se tarir leur lait ; puis, pour appuyer tout cela, l'opinion de Dioscoride et d'Arétée, et l'autorité de saint Jérôme qu'on ne s'attendait guère à trouver en pareille
matière ; les trois quarts du long chapitre consacré par
Pereira et Stillé à la ciguë sont consacrés au récit de ces
observations, de *ces fables que nous passerons entièrement
sous silence.* » (Ollivier et Bergeron, *Nouveau Dictionnaire
de médecine.* Ed. Jaccoud.)

Il sera démontré que la ciguë peut déterminer des accès de délire furieux, des hallucinations non-seulement
de la vue, mais de l'intelligence, que des hommes peuvent perdre avec elle leur puissance génésique et les

femmes voir tarir leur lait. — L'autorité de Saint Jérôme sera aussi établie, aussi bien que la nécessité de
son intervention. J'ai déjà cité Tertullien et Saint Jean
Chrysostôme; j'en citerai encore d'autres dans les mêmes
rangs. S'il est de mode dans quelques articles fort mé-
diocres de dictionnaire de se moquer des Saints Pères,
ce n'est pas moi qui ferai chorus. Faudra-t-il en outre
apprendre à ces messieurs qui font fi de l'opinion de
Dioscoride, que tout est vrai dans la physiologie qu'il a
donnée de la ciguë, que les symptômes notés par lui se
trouvent confirmés sur toute la ligne par la tradition
jusqu'à nos jours? Malheureusement, c'est ainsi qu'on
écrit dans les dictionnaires et ailleurs sur les questions
de pharmacodynamie.

Harley rappelle les observations de Mathiole et de
Kircher : il les traite aussi de pures fables et prétend
qu'elles n'ont servi qu'à obscurcir et à retarder la connaissance de la véritable action physiologique de la
ciguë, telle que nous la possédons aujourd'hui.

Déjà Stillé, en 1860, rejetait les deux observations précédentes et aussi celle de Ray qui sera citée plus tard.
Le médecin américain se fondant sur l'absence de délire constatée soi-disant dans les observations modernes,
veut qu'il y ait eu erreur quant à la ciguë, comme
dans les cas précités (1). Combien toutes ces assertions
sont démenties par les faits mêmes les plus récents,
qui viennent amplement confirmer les observations

(1) Stillé, *Therapeutics and materia medica*. Philadelphia, 1860. L'auteur
rejette aussi une observation d'empoisonnement de plusieurs enfants, dont
il fait honneur à Bergius, d'après Sigmond's *Lectures*. L'analyse des
symptômes me prouve que Bergius n'a fait que relater une observation
de Wepfer, qui a servi à ce dernier de point de départ pour son traité
sur la ciguë vireuse : Il ne s'agit point ici de *conium maculatum*.

plus anciennes? De là, la nécessité de collecter avec soin tous les faits connus, et de ne statuer qu'après leur analyse exacte. Stillé, Harley et Gubler ne se sont pas mis en quête de tous ces faits : raison de plus pour les produire.

Wepfer cite une observation de plusieurs personnes empoisonnées par la racine de ciguë *terrestre*, prise pour la racine de panais. Ces racines furent mangées cuites. Ce fait est emprunté à Henri Smet (*Miscellanea*, liv. 10).

Obs. XX. — De hoc edulio comederunt tres mulieres, vir unus, duo adolescentes totidemque puellæ. Omnes *delirarunt :* quo qui plus de illis ederat, eo diutius et vehementius, quo parcius assumpserat, eo moderatius delirabat. Ipsa nobilis matrona quæ historiam ad D. *Smetium* perscripserat, oppressionem et angustiam sibi obortam sensit, adeo ut intra 24 horarum intervallum, aut nihil, aut perparum sui compos fuerit, nec quid agere, sciverit : fuit siticulosa admodum et in ventriculo gulaque fervorem immodicum percepit. Post 24 horas elapsas nihilominus *mens* per quatuor dies *errabat* nobili matronæ : omne avicularum et caniculorum genus sibi observari videbatur; quoscumque circum circa videbat homines, omnes vel mortui vel ægroti apparebant, quorum singulis opitulari et medicari allaborabat. Cæteri *delirantes alii imaginabantur* se videre lacertas aut serpentes; alii arreptabant in ignem; alii saltabant et per dumos sepesque vagabantur. (Wepfer, p. 27.)

On lit dans les *Ephemerides naturæ curiosorum*, quatre observations d'empoisonnement cicutaire. Une femme mange de la ciguë avec ses filles et ses domestiques : ils furent pris de vertige, d'ivresse, de délire et de hoquet (ann. 1681).—Müller, dans une autre famille empoisonnée, note la perte d'appétit, la brûlure du gosier, l'anxiété, la dyspnée et le délire (ann. 1722). Limprecht a constaté chez plusieurs sujets tantôt le délire et la fureur, tantôt l'oppression, chez d'autres de violentes coliques, et dans un cas un profond sommeil. Une vieille femme à laquelle on n'avait pas administré de vomitif, garda trois mois durant des coliques et des mouvements convulsifs dans les membres(ann. 1727). Hee décrit l'accident d'une jeune fille de douze ans qui avait mangé de la racine : angoisse, cardialgie, délire, tremblement, cyanose et sueurs froides. Elle guérit par un vomissement abondant (id., vol. X).

Wolf a donné l'histoire d'une famille entière empoisonnée par la racine de ciguë. Tous, à l'exception de la servante, furent bientôt pris de céphalalgie : ils vacillaient, parlaient inconsidérément et couraient de tous côtés comme des fous. A la suite d'une potion vinaigrée, ils tombèrent dans un profond sommeil et se réveillèrent guéris. Le troisième jour, l'état de la servante s'aggrava; elle mourut le lendemain dans les convulsions. (*Obs. med. chirurgicæ*. Quedlimburg,| 1704.)

Obs. XXI.— Deux soldats allemands cueillirent, le 6 mai 1674, une quantité d'herbes pour eux et deux autres camarades. Ils les mangèrent cuites avec du lard. C'était de la ciguë. Peu de temps après, ils furent tous pris d'un violent vertige, et tombèrent bientôt dans un état comateux. Deux d'entre eux eurent des convulsions et moururent dans l'espace de trois heures. Un médecin fit prendre aux deux autres de l'huile en grande quantité; ils rendirent leur nourriture et furent sauvés. Les effets observés dans cet empoisonnement ressemblaient à ceux que l'on constate dans l'empoisonnement dû à une forte dose d'opium. (Dʳ Watson, *Philos. transactions*, vol. XLIII.)

Andry a vu survenir par l'usage de la ciguë, le délire, le vertige, convulsions, tremblements, paralysies, et jusqu'à la suppression des menstrues (1).

L'observation suivante est importante : elle a été donnée par Ehrhart dans sa dissertation inaugurale sur la ciguë. Son frère avait été empoisonné par cette plante : c'est probablement ce fait qui l'avait déterminé à choisir ce sujet de thèse. Il donne une excellente figure du *conium maculatum* sur une planche gravée sur cuivre. Ici nous sommes donc surs que c'est bien cette plante qui a déterminé l'empoisonnement.

Obs. XXII. — Imo ipse occasionem habui territus observandi effectus a cicuta comesta, cum meus frater forte ova, in quæ petroselini vice errore ancillæ folia cicuta, vere incipiente, recepta fuissent, comedisset. Valde post paucum tempus titubavit, caligavit, deliria varia passus est, mox lacrimatus est, mox risit, vomuit sponte, tamen intumuit, et ita ut de vita ventrisque ruptura periclitaretur, nec urinam mittere valeret, nec verba proferre, nec sese erigere, jacens et temulentus erat, usque dum illi largius oleum amygdalinum dulce et lac vaccinum propinaretur ingurgitaretur, unde sensim sensimque symptomata et postea præcipue pinguioribus carnium jusculis datis debellata, tandum remitterent, purgantibus roborantibusque lenioribus ad interim exhibitis octiduo in totum restitutus, sanatusque fuit. (Ehrhart, *Diss. med. de cicuta*. Argentorati, 1763.)

Obs. XXIII. — Une femme, affectée d'un cancer à la mamelle, prit vingt grains de poudre de ciguë : au bout de dix ou quinze minutes, elle fut affectée de malaise, de tremblement, d'étourdissement, de délire et de convulsions; heureusement pour elle, le malaise fut suivi d'un vomissement qui lui fit rejeter une partie de la poudre qu'elle avait prise; mais le vomissement continua, probablement jusqu'à ce qu'elle eût rejeté toute la quantité de poudre contenue dans l'estomac; malgré cela, le délire et les convulsions

(1) Andry, *Quæstio medica an cancer ulceratum cicutam eludat.* Duisburg, 1763.

continuèrent encore quelques heures; ces symptômes diminuèrent néanmoins par degrés, et se terminèrent par le sommeil; elle se réveilla quelques heures après, absolument débarrassée de tous les symptômes qu'elle avait éprouvés avant. (Cullen, *Matière médicale.*)

Obs. XXIV. — Un jeune homme de 21 ans est pris tout à coup dans une après-midi d'hiver de chaleur violente, de vertige et d'une douleur s'étendant à toute la tête. Le vertige augmente tellement qu'au bout de quelques heures il ne peut plus rester debout; par moment il survient des sueurs froides en quelques parties du corps, une pression violente à l'estomac avec envie de vomir, et qui descendit peu à peu à gauche du bas-ventre. Vers dix heures il commença à délirer, eut plusieurs lipothymies et à chaque fois cinq minutes de perte de connaissance. Vers minuit il fit venir le médecin. L'intelligence était un peu revenue, le pouls extraordinairement vite et tendu, la céphalalgie violente, la langue chargée en dessus et en dessous d'un mucus sale, en outre elle était sèche. le malade se plaignait d'une soif violente, d'une pression brûlante au bas-ventre, tout son corps tremblait; impossibilité de tenir la tête droite; tantôt il suait, tantôt il ne suait pas.

Il fut constaté qu'il avait mangé des racines de ciguë au lieu de panais. Guérison au bout de quelques jours. (*Materialien für die Staatsgerichtwissenschaft*, von Schlegel, 1801.)

Obs. XXV. — Un homme atteint d'un vaste ulcère cancéreux fut mis à l'extrait de ciguë. On fut obligé de le suspendre à cause d'un léger délire et de quelques syncopes qui survinrent. Plus tard, la dose fut diminuée et très-bien supportée. (Choquet, *Journal de Leroux*, 1813.)

Obs. XXVI. — Étant en garnison à Torquemada, en Espagne, je fus appelé, à 7 heures du soir, le 2 mars 1812, pour aller voir un grenadier qu'on disait mourant. Je trouvai le malade profondément assoupi, sans connaissance, respirant avec une difficulté extrême et couché par terre sur un peu de paille, dans une petite chambre étroite, basse, bien fermée et remplie de monde et de fumée. Son pouls était petit, dur et ralenti jusqu'à trente battements par minute; les extrémités étaient froides, la face bleuâtre, regorgeant de sang comme celle d'un homme étranglé. Le malade fut placé à l'air frais. On m'apprit qu'il avait mangé, avec plusieurs de ses camarades, une soupe dans laquelle on avait mis de la ciguë, et, depuis le souper, tous étaient ivres et sentaient des maux de tête et de gorge; que ce grenadier, qui pour l'ordinaire avait bon appétit, en avait mangé une plus grande quantité que les autres, et qu'immédiatement après avoir soupé, il s'était déshabillé, couché et endormi pendant que les autres restaient encore à table pour causer ensemble; qu'une heure et demie après, lorsqu'eux mêmes avaient commencé à se trouver indisposés, ils avaient remarqué que celui-ci gémissait et respirait péniblement, ce qui les avait décidés à me faire appeler. (J'hésitai un moment si je devais commencer par lui faire avaler, en grande quantité, du vinaigre chaud pour neutraliser, par cet antidote, les effets du narcotique, ou par lui ouvrir la veine jugulaire pour remédier promptement à la congestion manifeste du sang vers la tête, ou enfin par évacuer le poison par la voie la plus courte; cependant je me décidai pour l'administration d'un vomitif.) Je lui fis avaler 60 centigrammes de tartre émétique dissous dans l'eau chaude, et je lui fis respirer du vinaigre. On appliqua sur la tête des fomentations froides, et on fit des frictions sèches et chaudes sur les extrémités pour y rappeler la circulation et diminuer la congestion cérébrale. Une demi-heure après avoir pris l'émétique, le malade sommença à faire de vains efforts pour vomir, et bientôt son état, qui avait donné quelque espérance, s'empira visiblement; néanmoins il parlait encore et se plaignait d'avoir très-froid. Mais bientôt il perdit de nouveau l'usage de la parole et la connaissance, et ne manifesta plus que par des palpitations continuelles de la poitrine et de la région épigastrique l'extrême angoisse dont il était tourmenté. Alors, sans attendre plus longtemps l'effet du vomitif, j'ordonnai de lui faire avaler du vinaigre chaud, et de le frotter sans cesse en attendant que j'eusse été chercher une lancette pour lui ouvrir la veine jugulaire. Mais j'arrivai trop tard, car le malade avait cessé de vivre peu de moments avant mon retour, trois heures après le souper fatal.

Ouverture du cadavre. L'estomac était à moitié rempli d'une bouillie crue; il y avait autour du pylore quelques points rouges;

le foie était très-volumineux ; il n'y avait aucune altération dans les intestins ; la veine cave et le cœur étaient vides de sang ; la cavité pectorale était étroite ; le lobe gauche des poumons était sain, mais le lobe droit était entièrement détruit par une suppuration précédente (cet homme, âgé de 35 ans, était robuste ; il éprouvait, de temps en temps, une toux sèche et sa respiration était pénible). A l'ouverture du crâne, il s'écoula une assez grande quantité de sang pour remplir deux fois un pot de chambre ordinaire ; les vaisseaux du cerveau étaient extrêmement gorgés de sang. (Haaf, *Journal de médecine*, de Leroux, t. XXIII , 1813.)

Obs. XXVII. — Un étudiant en médecine de Castleton faisait sur lui-même des expériences avec des substances narcotiques ; il avait pris, entre autres , jusqu'à 2 grammes d'extrait de ciguë sans avoir éprouvé autre chose que de la diplopie et des contractions musculaires. Il mâcha 15 grammes de racine de ciguë, puis les avala. Une heure et demie après, la tête fut prise, comme égarée ; les yeux devinrent très-sensibles à la lumière ; puis il survint du délire, pendant lequel il se mit d'abord à se promener. Deux heures après la prise du poison, il fut pris d'une attaque d'épilepsie qui dura quatre à cinq minutes, avec contraction de tous les muscles. Avant les convulsions, le pouls était à 52, de force ordinaire ; après il était faible et fréquent, puis vint un vomissement spontané, après lequel on lui administra soixante-dix gouttes de laudanum et 10 grammes de carbonate d'ammoniaque dans une once d'alcool. Une seconde attaque eut lieu encore plus forte, qui le laissa comme mort. On lui administra le même remède avec addition de capsicum à de courts intervalles. Cinq heures après l'empoisonnement, il était revenu à lui-même, mais il ne pouvait remuer les membres ; il avait des envies de vomir toutes les fois qu'il voulait essayer de se lever. Les accidents diminuèrent sous l'influence des remèdes. Au bout de seize heures, il y eut trois ou quatre vomissements, mais quatre heures de sommeil amenèrent le rétablissement complet.

L'auteur de cette observation ajoute qu'un médecin étranger a combattu avantageusement avec de la ciguë, l'épilepsie, la chorée et la manie (*Boston Journal*, vol. X. — *Schmidt's Jahrbücher*, t. IV, 1834).

Obs. XXVIII.— Deux enfants de 6 à 7 ans, par un beau jour de printemps, trouvent dans un jardin une racine qui leur était inconnue. Après s'en être amusés pendant quelque temps avec d'autres camarades, ils en mangent par gloutonnerie. Au bout d'une petite heure, au dire des parents et comme j'ai pu moi-même le constater plus tard, les deux enfants sont pris de convulsions violentes avec agitation continuelle et délire furieux. Leur regard, habituellement doux, était devenu sauvage et perçant. Une anxiété extraordinaire les faisait changer incessamment de place ; incapables de se tenir debout, ils se roulaient à terre en poussant de grands cris. Des envies et des efforts de vomir augmentaient leur angoisse. Plusieurs heures se passèrent avant que je fusse instruit de cet accident. Les symptômes subits et identiques qui étaient survenus chez les deux enfants me portèrent à penser qu'ils avaient avalé quelque substance narcotico-âcre. Je leur fis prendre immédiatement une infusion d'ipéca, en pratiquant de suite une petite saignée ; en même temps, compresses d'eau froide sur la tête. Les petits malades rendirent une grande quantité de liquide et de mucosités avec plusieurs morceaux de racine. Bientôt les convulsions cessèrent. Toutefois, la stupeur et le délire qui continua à se produire par intervalles ne cessèrent qu'au bout de quelques jours, en même temps qu'une sensation douloureuse à l'estomac. Les recherches que je fis me démontrèrent que les enfants avaient mangé de la racine de ciguë ; ils ne devaient pas en avoir mangé une grande quantité, attendu qu'elle n'a pas un goût agréable. (Ignaz Stark, *Beiträge zur ges. Natur und Heilwis.* Prague 1840, reproduit dans *Prager Monatschrift*, 1853.)

Obs. XXIX. — Une femme atteinte d'un cancer au sein prit, pour calmer ses douleurs, un seizième de grain de conicine trois fois par jour. Dès la troisième dose, contorsion spasmodique du cou, convulsion de la face avec effilement de la bouche, perte de connaissance comme dans la lipothymie. On supprime le remède pour le reprendre huit jours après : mêmes accidents spasmodiques.

Au bout d'un an, troisième expérience avec les mêmes résultats. (Albers, *Deutsche Klinik*, 1853.)

Obs. XXX. — Deux enfants de 7 à 8 ans avaient mangé des racines de *conium maculatum;* ils eurent un délire violent interrompu de temps à autre par des cris plaintifs; les pupilles étaient fortement dilatées et la vue diminuée; on constata des hallucinations de la vue, des convulsions fréquentes des muscles de la face, donnant à celle-ci une expression terrible; d'autres muscles étaient aussi contractés, surtout les extenseurs de la colonne vertébrale et les fléchisseurs des extrémités; des mouvements particuliers se passaient dans les muscles du pouce et de l'index; les malades semblaient chercher à nouer ces deux doigts; la langue était rouge, le ventre mou et les urines abondantes. Après des vomissements et quelques selles, la santé revint le lendemain. (Bianchi, *Gaz. Lomb.* 1857.)

Quelques années avant que M. Gubler affirmât l'intégrité des fonctions cérébrales dans l'intoxication cicutaire, il se passait sous ses yeux mêmes, dans un hôpital de Paris, un fait d'empoisonnement multiple par la ciguë qui démontre tout le contraire. On en trouve l'histoire dans une thèse de 1868. Sans parler des faits plus ou moins anciens et des preuves traditionnelles, cette observation toute récente aurait dû ouvrir les yeux à M. le professeur Gubler sur cette question.

— L'année dernière, dit M. Roussel, à l'hôpital Sainte-Eugénie, la provision d'extrait de ciguë se trouvant épuisée, on en fit venir de nouveau et on l'administra à la même dose, à des malades qui depuis quelque temps étaient soumis à l'usage de ce médicament. Aussitôt les malades éprouvèrent des phénomènes particuliers dont on rechercha vainement la cause pendant plusieurs jours. M. Labadie-Lagrave, interne dans le service de M. Triboulet, recueillit ces faits avec soin. Il a bien voulu nous en faire part. (Suivent quatre observations dont voici la plus importante).

Obs. XXXI.— Mademoiselle T..., âgée de 14 ans. Constitution scrofuleuse. Atteinte d'engorgement et d'abcès des ganglions cervicaux. Depuis quelque temps, prend tous les matins 1 gramme d'extrait de grande ciguë en pilules.

Dimanche. Au moment de la messe, a été brusquement prise d'accidents nerveux. Après un peu d'hébétude, on a observé de la carphologie, de la dilatation énorme des pupilles, et bientôt après un délire d'action très-marqué. La malade se levait, *courait comme une égarée*, et on avait grand'peine à la faire rester au lit. Pouls intermittent, accéléré.

Lundi. L'inégalité du pouls et la dilatation de la pupille persistent seules jusqu'au soir.

Nous avons reçu, continue M. Roussel, de M. Labadie-Lagrave cinq autres observations que nous ne reproduisons pas ; voici, en résumé, ce qui ressort de ces faits : — sur huit des neuf malades, il y a eu carphologie et dilatation de la pupille ; une seule fois et sur le même sujet, il y a eu exception. Elles succédaient généralement à un peu d'hébétude. Bientôt après, on observait d'autres troubles du côté du système nerveux, tels qu'une agitation marquée, du délire quelquefois ; les malades éprouvaient de la surexcitation, et quelques-unes qui ne présentaient pas des troubles de l'intelligence offraient une paralysie des muscles de la langue qui les empêchait de répondre aux questions qu'on leur adressait. Nous trouvons peu d'observations où l'état du pouls soit changé, mais toutes les fois qu'il est survenu des troubles du côté de la circulation, on a pu constater de l'intermittence et de l'accélération. Enfin, notons quelques vomissements et de la diarrhée ;

mais les phénomènes étant rares ont une importance moindre. Ces accidents apparaissaient le plus souvent une heure ou deux après l'administration du médicament ; cependant quelquefois ils se manifestaient brusquement presque aussitôt : leur durée était de douze heures en général, et ils se terminaient heureusement. (Roussel. *De la grande ciguë* et de quelques-unes de ses préparations. Thèse de Paris, 1868.)

Obs. XXXII. — Madame B..., âgé de 28 ans, dans le sixième mois d'une grossesse, vint au dispensaire d'Aberdeen, se plaignant d'une toux sèche qui l'incommodait peu le jour, mais qui la prenait en se couchant et l'empêchait de dormir. Je lui prescrivis 15 gouttes de *succus conii* de la pharmacopée anglaise, à prendre au lit. Son mari, qui était venu au dispensaire, crut que je n'avais ordonné que 13 gouttes, et lui mesura cette quantité. La malade prit cette dose avant le thé, vers 7 heures du soir. Elle ne sentit rien d'extraordinaire et se coucha vers 10 heures. A minuit, elle se réveilla mal à l'aise, avec un fort mal de tête. Elle essaya de parler à son mari, mais elle sentait qu'il lui était impossible d'articuler exactement. Celui-ci, croyant que sa femme parlait à moitié endormie, lui dit de parler distinctement. Elle répondit qu'elle ne parlait pas endormie, qu'elle avait toute sa connaissance, et qu'elle était parfaitement éveillée. Elle sentait comme si sa langue était attachée au fond de la bouche et qu'elle ne pouvait la remuer. En même temps, elle sentait aussi qu'elle ne pouvait ouvrir les mâchoires, trismus qui l'effrayait beaucoup. Elle avait de la difficulté à décrire son mal de tête : il consistait dans une sensation de pression et de serrement au sommet du crâne. Il y avait aussi une forte douleur au front au-dessus des yeux, et de ses yeux coulait une grande abondance de larmes avec une sensation de brûlure, comme si on y avait jeté de l'eau salée. Sa vue n'était pas affectée : elle voyait les objets fort distinctement. Bientôt la douleur passa du sommet de la tête aux côtés des mâchoires, et de là au-dessous du sein gauche, avec un caractère aigu et poignant et un sentiment d'étranglement et de difficulté de respirer. Il lui semblait que quelque chose venait sur sa poitrine l'étrangler. La respiration était si difficile et tellement sifflante, qu'on entendait les inspirations en dehors de la porte. La figure était si rouge et si animée, qu'une de ses voisines, qu'on avait appelée, crut qu'elle avait un érysipèle. Puis il était survenu un engourdissement des extrémités inférieures avec impossibilité complète de les remuer. Les extrémités supérieures se prirent ensuite de la même manière. Avec cet engourdissement il y avait une sensation de roideur dans les membres, toute différente de la sensation de ne pouvoir les remuer. Puis cet engourdissement s'étendit à tout le corps, sans être accompagné de refroidissement à la surface. La sensibilité de la peau était normale. Son mari lui fit prendre une tasse de thé, ce qui la fit vomir. A ce moment, elle avait toute sa connaissance, et voyait tout ce qui se faisait autour d'elle.

On lui proposa de m'envoyer chercher, mais elle refusa, ne voulant pas me déranger pendant la nuit. Tous les symptômes disparurent en partie pendant un temps, puis revinrent vers les 4 heures du matin. Dans cet espace de temps, elle voyait des objets imaginaires dans la chambre, comme son frère et son enfant, déjà morts. Elle savait parfaitement que c'était une illusion, et faisait tous ses efforts pour la chasser de son esprit; mais nonobstant ses efforts et la conscience de cette illusion, elle ne pouvait pas s'empêcher de les voir, tout comme s'ils étaient entrés par la porte. En même temps, les objets de la chambre lui paraissaient confus et en mouvement.

A 4 heures du matin, elle se sentit prise de sommeil, et dormit tranquillement jusqu'à l'heure habituelle de se réveiller. En se levant, elle ressentit une douleur permanente dans les mâchoires et aussi sous le sein gauche, avec une telle faiblesse dans les jambes qu'elle tremblait sous elle, comme si, disait-elle, elle sortait d'avoir la fièvre. Dans la journée, il lui fut très-difficile de se promener dans l'appartement; elle se remit au lit au milieu du jour. La nuit suivante, entre 7 et 8 heures, elle sentit comme si les accidents de la nuit précédente voulaient revenir, mais ce ne fut que passager. Le jour suivant, elle vint au dispensaire me raconter ce qui lui était arrivé. Il lui restait encore de la sensibilité dans les mâchoires, et ses jambes étaient si faibles qu'elle avait eu de la

peine à monter au dispensaire. La toux avait changé de caractère,
et était devenue grasse. Cette même femme, arrivée au terme de
sa grossesse, prit, pour calmer les douleurs de l'accouchement,
25 gouttes de teinture de jusquiame de la pharmacopée anglaise;
puis elle accoucha. Mais bientôt elle eut le regard fixe, de la diva-
gation dans ses paroles, et des hallucinations comme celles qu'elle
avaient eues avec le conium; ce qui démontre chez cette femme
une disposition particulière, une idiosyncrasie. (Dyce-Brown,
Monthly hom. Review, 1869.)

Je termine cette longue série de faits par une observation des plus récentes. J'avais lu au commencement
de cette année, dans les journaux, extrait d'une feuille
politique de la Savoie, le récit d'un empoisonnement
par la ciguë. J'ai été assez heureux d'obtenir de la
bienveillance du docteur Comoz, médecin à Rumilly
(Savoie), le narré complet de ce fait que je m'empresse
de publier. La note porte en tête : *Observation d'empoisonnement par la ciguë.*

Obs. XXXIII.— Dans la nuit du 10 au 11 janvier 1875, je fus
appelé à la campagne pour donner des soins à une famille composée de trois personnes : le mari, âgé de 60 ans, la femme, de 54, et
le beau-frère du mari, de 50. Il était 8 heures du soir. Ces personnes avaient dîné à midi, et, depuis lors, présentaient divers
symptômes morbides que je vais énumérer.

Elles furent toutes trois prises de nausées et dans un état de
malaise indéfinissable dès 1 heure environ. Ces symptômes s'ac-
centuèrent ensuite; les malades devinrent très-agités; ils furent
pris d'hallucinations et de délire, et sortirent de leur habitation.
Les voisins, effrayés, crurent toute cette famille subitement atteinte
de folie. Ils s'emparèrent d'eux, et durent employer la force pour
les faire rentrer dans leur maison, où ils les gardèrent à vue, plai-
santant avec eux de leurs hallucinations et de leurs propos plus
ou moins saugrenus. Les malades n'ont pas cessé d'être gais. Vers
3 ou 4 heures, le beau-frère vomit abondamment, et rendit à peu

près tout ce qu'il avait mangé à dîner. Depuis cet instant, il alla de mieux en mieux.

Au moment de mon arrivée, j'appris, soit de la bouche des malades, soit de leur entourage, les détails qui précèdent. J'appris, en outre, que toute la famille avait mangé à midi un plat de salsifis. La femme me raconta même qu'en arrachant à son jardin ces racines noires, elle en trouva une qui avait la forme des autres, mais qui était blanche. Elle en machilla l'extrémité, et, n'y trouvant aucune saveur désagréable, elle mit cette racine avec les autres, et fit cuire le tout. Celui des trois qui en mangea le plus fut le mari, et ce fut le beau-frère qui en mangea le moins. Au moment de ma visite, celui-ci est à peu près remis; mais le mari et sa femme, qui n'ont pas vomi, sont très-agités; le pouls a de 110 à 120 pulsations par minute; la langue est sèche et rougeâtre; délire intermittent, toujours très-gai; hallucinations. Le mari, qui est un peu buveur, voit toute espèce d'animaux danser sur son lit; il a un peu de carphologie; les muscles de la face me paraissent un peu contractés; rire légèrement sardonique. Le délire est plus accentué chez lui que chez sa femme. Tous les deux ont les yeux un peu injectés et hagards. Les lèvres sont légèrement cyanosées. Ils ont des nausées, mais pas de vomissements. Sensation de brûlure sourde à l'épigastre, mais qui ne paraît pas incommoder beaucoup les malades.

Je leur fais prendre tous les quarts d'heure une grande cuillerée d'une potion émétisée. Au bout d'une heure et demie, la femme vomit une certaine quantité de matières non encore digérées. On reconnaît parfaitement les salsifis. Dès ce moment, elle commença à aller mieux; elle a encore des coliques. Je lui administre 50 gr. de sulfate de soude. Au bout de deux heures, le mari n'a pas encore vomi, mais, malgré cela, il paraît aller un peu mieux; il est plus calme, le délire est moins bruyant, et il commence à connaître ceux qui l'entourent. Je lui administre 70 gr. de sulfate de soude et 10 centigr. d'émétique, dans un grand verre d'eau. Au bout d'une demi-heure, il est pris de vomissements, puis de diarrhée. Dans les matières vomies, on reconnaît encore des racines noires. Il va ensuite de mieux en mieux. Tous ces malades, le lendemain matin, étaient complètement remis, ne conservant qu'un léger sentiment de malaise à l'épigastre et dans le ventre (Dr Comoz.)

J'ai cité un assez grand nombre d'observations pour prouver la forme délirante et convulsive de l'empoisonnement cicutaire. Le délire y figure sous les expressions variées de folie, de délire furieux, d'hallucination, de coma, etc.; les convulsions y apparaissent sous la forme tonique et clonique, depuis le tremblement, la simple convulsion locale, jusqu'à l'attaque épileptiforme. Rappelons que le dernier symptôme offert par Socrate fut la convulsion : ἐκινήθη.

Parfois on voit même les convulsions coïncider avec la paralysie. Agasson, cité par Orfila, parle d'un homme qui avait pris de la grande ciguë et chez lequel toutes les parties supérieures du corps étaient en convulsion, tandis que les membres inférieurs étaient paralysés. On a quelquefois remarqué, ajoute Orfila, chez d'autres individus un délire furieux. Dans ses expériences sur les animaux avec la conicine, ce même toxicologiste mentionne les convulsions en même temps que les paralysies, elles ont du reste été constatées par la plupart des expérimentateurs modernes.

Richard Hughes, dans son excellent manuel de pharmacodynamie (1), a partagé l'erreur commune; il motive son opinion en disant : — Il est vrai que Pereira mentionne des cas où prédomine le délire ou les convulsions. Mais il y a toujours eu tant de confusion entre le conium maculatum et les autres ombellifères que je serai toujours porté à attribuer ces accidents à d'au-

(1) R. Hughes. Éléments de pharmacodynamie. Trad. Guérin-Méneville. Paris, 1874. J.-B. Baillière.

tres plantes de la même famille tant qu'ils ne seront pas démontrés par l'expérience, comme appartenant à la ciguë. — Je me suis expliqué suffisamment sur la confusion de la ciguë avec les autres plantes voisines; je crois avoir suffisamment démontré le délire et les convulsions cicutaires. J'espère donc voir le docteur Hughes modifier son opinion sur ce point.

Harley dit carrément que la ciguë n'a aucun pouvoir sur le cerveau. Il a essayé maintes fois son action physiologique sur plus de cent individus de tout âge et n'a jamais constaté le moindre effet narcotique ou hypnotique. Suivant lui, les enfants, sous l'influence de la ciguë, paraissent plutôt dormir qu'ils ne dorment réellement; ils ne dorment en réalilé que si les effets du médicament se prolongent. Mais cela arrive rarement chez l'adulte. L'esprit reste aussi calme, aussi actif que celui de Socrate disant à son ami Criton de sacrifier un coq à Esculape.

Comment se fait-il que ce médecin anglais qui a beaucoup expérimenté la ciguë, nie son action cérébrale? Cela tient uniquement à ce qu'il n'a pas employé des doses assez toxiques, ou qu'il n'a rencontré que des sujets trop peu sensibles *cérébralement* à l'action de la ciguë. La négation de Harley ne peut nullement détruire des faits incontestables cités d'autre part. Si l'auteur avait tenu compte des faits antérieurs sur lesquels il garde le silence, se bornant uniquement à ses expériments personnels, il eût parlé autrement. Tout cela prouve combien il faut être réservé dans les questions de pharmacodynamie, et ne pas rejeter l'observation antérieure, parce qu'elle ne concorde pas avec des faits observés plus tard. C'est surtout sur le terrain de la physiologie des médicaments que dominent l'imprévu, la variété et la contingence.

Tandis que des auteurs récents dissertant sur la ciguë, ont nié le délire cicutaire, malgré de nombreux faits et toute la tradition, Gui Patin l'affirmait, il y a plus de deux cents ans, dans sa correspondance avec Licetus, lorsqu'il consultait ce dernier sur la question de savoir si Socrate était réellement mort par notre ciguë vulgaire : ce dont il doutait, parce que, disait-il : — « ab ejus haustu vel largiori, pravi vix quicquam « relinquitur aliud, præter capitis gravitatem, non « illam quidem vulgarem et ad summum aliquod vel « *interruptæ rationis* vel *motæ mentis* vestigium. » — Je reviendrai plus tard sur cette correspondance pour compléter mes recherches historiques.

VERTIGE AMAUROTIQUE.

Le vertige et l'amaurose de la ciguë sont tellement liés ensemble qu'ils ne forment, pour ainsi dire, qu'un seul et même symptôme : c'est le *vertigo tenebricosa.* On pourrait le nommer vertige amaurotique. C'est là un symptôme de premier ordre, à raison de sa fréquence. Si les données philologiques que j'ai exposées sont justes, ce serait lui qui, dans les langues primitives, aurait constitué le nom propre de la ciguë. La plupart des auteurs qui ont décrit l'empoisonnement cicutaire, l'ont mis en relief; le plus souvent en première ligne, à l'exemple de Dioscoride. C'est aussi le symptôme qui apparaît le plus souvent dans les observations particulières; il a été signalé par nombre d'auteurs, surtout par ceux qui dans le siècle dernier ont fait opposition aux travaux de Störck sur la ciguë. Sur ce point, le passage cité de Dioscoride est amplement confirmé par l'observation moderne.

Boerhaave a raconté dans son *Histoire des plantes* qu'après avoir manié des feuilles de ciguë écrasées, il fut pris de vertiges (1).

Murray cite plusieurs auteurs qui ont constaté le même symptôme : Lange, Schmucker et la pharmacopée helvétique. Au vertige, Andree, Gataker et un anonyme joignent l'obscurcissement de la vue ; Whytt, le tremblement des yeux ; Fothergill, leur agitation avec saillie des globes oculaires (2). Adair, traitant un malade par la ciguë, lui conseille de rester au lit dans le cas où le vertige surviendrait (3).

« Expedit, » disait Bergius, « initio a parca incipere « dosi, præsertim cum sæpe fiat, ut conium subjecta sen- « sibiliora valde commoveat, *vertigium* et debilitatem, « imo et *cæcitatem* periodicam induendo. » — C'est le seul auteur qui parle de la cécité périodique, fait intéressant dans l'histoire de l'amaurose cicutaire. J'ignore

(1) Boerhaave de ipso refert quod a solis cicutæ foliis nonnihil contritis et naribus experimenti causa admotis, statim quasi ebrius stupidusque factus fuerit (Triller. *Dispensatorium pharmaceuticum*).

Aux preuves botaniques, il a déjà été question des accidents causés par la seule odeur de la ciguë. Vogel cite un cas de vertige dans les mêmes circonstances : — Etiam solo odore impensa cicuta, quod hortulano contigit, qui eam præcidendo vertigium passus est (Vogel, *Materia medica*, 1764).

(2) Lange, *Diss. dubia cicutæ vexata*. Helmstadt, 1874. — Schmucker, *Chirurgische Warhnehmungen*, t. II. — Andree, *Observations upon a treatise on the virtues of hemlock*. London, 1761. — Gataker. *Essays on med. subjects*. — Practical essays. — Whytt, *On nervous disorders*. — Fothergill, *Med. obs. and inquiries*.

(3) *Medical commentaries*, vol. VII.

Imbert-Gourbeyre.   8

quelles sont les observations qu'il a pu invoquer à
l'appui. — M. Baylies, médecin anglais qui au siècle
dernier avait étudié beaucoup les poisons, disait à propos
de la ciguë que nombre de malades éprouvent de la
chaleur, du tremblement, *du vertige et de l'obscurité de la
vue* et doivent s'en abstenir (1). Pour Hallé, les vertiges sont des signes sensibles de l'action de la ciguë et
donnent à l'administration de ce remède un moyen
bien avantageux de précision (*Nouveau Journal de médecine*, t. V. 1819).

Les expériences récentes sur la conicine ont fourni
les mêmes résultats. En 1851, Orfila communique à
l'Académie de médecine le résumé de ses expériences
sur les animaux. Les symptômes de l'empoisonnement
par l'alcaloïde de la ciguë peuvent être divisés en trois
périodes : dans la première, vertige; la seconde, convulsion, et la troisième, affaissement. En 1837, le célèbre doyen avait aussi observé le vertige chez les animaux empoisonnés par la conicine.

En 1838, Poehlmann (2) expérimente sur lui-même
la conicine et constate le vertige avec la pesanteur dans
les membres. En 1849, Wertheim (3) étudie l'action de
cette substance dans le typhus et les fièvres intermit-
tentes : à dose un peu élevée, il voit survenir des symptômes d'intoxication avec vertiges, vomissements et faiblesse dans les jambes. Albers raconte dans ses expériments sur la conicine (4), qu'un jeune homme de ses

(2) Baylies, *Pract. essays on med. subjects*. London, 1773.

(1) Poehlmann, *Phys. und toxic. Untersuchungen über das Coniin*. Er-
langen, 1838.

(2) Wertheim, *Das Coniin im Wechselfieber und Typhus*. Wien, 1838.

(3) Albers, *Ueber die Wirkung des Theins auf das Herz, und die physiol.
Wirkung des Coniins*. Deutsche Klinik., 1853.

parents, ayant subi trop longtemps l'odeur de cette substance, fut pris de vertiges qui durèrent trois jours. Lui-
même, après avoir respiré pendant cinq ou six minutes
de la conicine, ressentit des vertiges toute la journée,
et conserva cette tendance pendant trois semaines avec
une grande fatigue. Une femme cancéreuse à laquelle
il avait administré quelques doses de conicine, garda
du vertige pendant quatre semaines. Dans de nombreuses expériences sur les animaux, Van Praag constate habituellement l'insensibilité de la pupille et par
conséquent la cécité (1). Il en est de même de Schroff (2)
qui a expérimenté la conicine de 1852 à 1862.

Dans les très-nombreux expériments de Harley sur
lui-même et d'autres individus, on voit le vertige constamment se produire; l'auteur s'est servi d'alcoolature de conium. — Le flacon de conicine étant resté
ouvert, dit Casaubon, mon ami Meuriot est en ce moment pris de malaise et quitte le laboratoire; il nous dit
avoir des hallucinations de la vue, de la céphalalgie; il
a des tremblements fibrillaires et son pouls marque
108. — Voici, dit Roussel, ce que nous avons pu constater, M. Landrin et moi. Quelques gouttes de conicine ayant été, dans nos expériences, renversées à terre,
les vapeurs qu'elles répandirent furent absorbées par
nous et dans un laps de temps très-court, quelques
minutes environ, elles occasionnèrent de violents symptômes de congestion avec céphalalgie, vertiges et pi-
cotements dans les yeux (p. 21).

Le vertige avec amaurose devient prédominant dans

(1) Leonides van Praag. *Toxicologisch-pharmakodynamische Studien
Journal f. Pharmakod.*, *Toxicologie und Therapie*, von Reil, Berlin, 1856).
(2) Schroff. *Lehrbuch der Pharmakologie.* Wien, 1862.

certains cas d'empoisonnement : suivent plusieurs observations à l'appui.

Obs. XXXIV.— Filius mercatoris Pisaurensis, annos natus undecim, cum extra urbem cicutæ summitates, jejuno stomacho, comederet, et ad torridum solem illico dormiret, brevi mortuus fuit. Nam cum a somno expergisceretur, *non videbat*, nec mente constabat. Ad domum igitur portatus, brevi diem suum obiit. Pisauri, hæc evenere in calce mensis maii 1556. Hæc scribenti mihi in mentem venit Socrates (Amatus Lusitanus. *Curatiorum medic. .centuriæ*. Burdigaloz, 1620.)

Obs. XXXV.— Addamus exemplum recentis experimenti neos tadio. Ubi rusticus cum uxore, filio, duabus filiabus et ancilla, in delirium repente incidebat, *oculi caligabant*, guttur extreme siccabatur. Omnibus pervestigatis, reperta sunt radices cicutæ residuæ, quarum partem alteram pro pastinacis comederant. Atque idem loco parocho cisterciensis ordinis vix triennio post accidit quo ex relationi vicini autoptæ habeamus. Nota etiam cicutam, perinde ut solanum, modo somnolentiam inextricabilem, modo vigilias contumaces efficere. (Faber, *Strychnomania*. Aug. Vindel, 1677.)

Reil qui a expérimenté la conicine directement sur les dents cariées douloureuses, dit avoir vu souvent, une à trois minutes après l'application, entre autres symptômes, le vertige et l'aberration de la vue. Les malades voyaient les objets vacillants en partie, surtout démesurément grossis; leur nez leur paraissait un trognon difforme.

Obs. XXXVI.— Après avoir pris 15 ou 20 grains d'extrait de ciguë, il m'est souvent arrivé d'avoir de la faiblesse et des éblouissements dans les yeux, avec vertige et faiblesse de tout le corps, principalement dans les bras et les jambes, de sorte que, si je voulais marcher, je chancelais comme une personne ivre. (Whyte, *On nature of nervous disorders*. Edinburgh, 1765.)

Obs. XXXVII.— Il s'agit d'une dame âgée de 54 ans, atteinte d'un cancer récidivé du sein droit. Cette malade, portant une ulcération très-étendue, fut soumise à l'usage des préparations de ciguë, qu'elle prit selon les gradations indiquées. Elle arriva ainsi à prendre 8 pilules par jour (chaque pilule contenant 2 milligr. et demi de conicine). Elle éprouvait une notable amélioration. Ce bien-être, insolite pour elle, l'engagea malheureusement à outre-passer la dose des pilules : elle en prit 12, puis, pendant quelques ours, jusqu'à 16. A ce moment, elle fut saisie de tremblement des membres supérieurs, mais sans autres symptômes. Nous lui fîmes immédiatement suspendre le remède, et, au bout d'une huitaine de jours, elle reprit, une à une, les pilules, avec ordre de ne pas dépasser le nombre de 6. Elle alla jusqu'à 12; mais, deux jours après, elle fut en proie à des vomissements opiniâtres; bientôt succédèrent des éblouissements, des vertiges; les jours suivants, il y eut des spasmes des membres; la face devint cyanosée, et le délire fut continu; à la photophobie succéda bientôt une *cécité complète*. On devrait croire que ces symptômes, s'ils ne s'aggravaient point et n'amenaient pas la mort, iraient en progression décroissante, comme on l'observe généralement dans l'empoisonnement par l'aconit, la belladone, etc. Il n'en fut rien. Ils persistèrent en grande partie pendant quinze jours : les vomissements, les spasmes, le délire, eurent lieu durant ce temps. (Devay et Guillermond, *Recherches nouvelles sur le principe actif de la ciguë.*)

Harley a donné dans son ouvrage une analyse physiologique détaillée du vertige et de l'amaurose cicutaires; il est important de la citer : — La ciguë révèle *invariablement sa première action* par la dépression des fonctions motrices de la troisième paire des nerfs. Témoin les symptômes suivants : vertiges, sensation d'un poids lourd qui abaisse les paupières et les met en état de ptosis; le regard est lent, hébété, ou fixe sans expression, comme celui d'une personne ivre; dilatation des pupilles. Après l'ingestion de doses modérées, il semble qu'un nuage délié de vapeur transparente vient flotter entre les yeux et les objets; c'est comme si l'on regardait à travers un milieu de densité inégale comme un mélange d'air chaud et froid qui entoure un poêle fortement chauffé. Cela a lieu indépendamment de la dilatation des pupilles et peut exister avec une vue exacte, ce qui est dû à l'adaptation imparfaite des milieux réfringents de l'œil par suite de la paralysie partielle des rameaux ciliaires de la troisième paire. C'est par ces rameaux que l'individu a la première conscience des effets de la ciguë : — s'il est occupé à lire, il éprouve tout à coup de la fatigue, et très-peu de temps après, la lecture est impossible; il est content de fermer les yeux pour se soulager de ce symptôme, et comme la léthargie musculaire commence à se faire sentir, il veut se coucher comme s'il voulait dormir. A doses plus fortes, l'influence dépressive gagne les autres branches du nerf; la paresse des mouvements des paupières, le regard fixe, hébété et parfois divergent témoignent alors de la paralysie partielle des muscles internes du globe de l'œil, pendant que la chute plus ou moins prononcée de la paupière supérieure accuse également la paralysie de son muscle élévateur.

La diplopie, due au défaut de convergence des axes optiques, n'est qu'un effet passager et rare de la ciguë. Je l'ai observée sur peu de personnes : chez une femme délicate, habituellement couchée, le suc de conium à la dose de deux grammes produisait la diplopie. C'était un symptôme constant : il survenait une demi-heure après l'ingestion du remède, et durait vingt minutes. Elle a pris la ciguë pendant six mois, et elle me disait souvent, lorsque j'arrivais pendant l'opération du remède, qu'elle voyait tous les objets de sa chambre doubles, que mes yeux lui paraissaient doubles et qu'il lui semblait qu'elle était louche.

La dilatation des pupilles n'arrive ordinairement qu'après de très-faibles doses ; elle n'est souvent que légère et seulement observable avec une lumière modérée, une trop forte lumière détruisant la tendance à la dilatation (Harley).

Si l'on veut résumer tous ces faits de vertige amaurotique, on voit que le vertige comme l'amaurose sont sujets aux plus grandes variations quant à la marche, la durée, l'intensité et aux circonstances des phénomènes. Ainsi nous voyons le vertige et l'amaurose durer depuis une demi-heure jusqu'à plusieurs jours, et affecter une marche tantôt continue, tantôt périodique. En somme, pour la ciguë, comme pour tous les médicaments, tout repose sur la contingence ou l'individualité:

Je ne veux point terminer l'histoire du vertige amaurotique sans citer la pathogénésie hahnemanienne du *conium maculatum*. Il y a concordance parfaite avec tous les faits mis en relief par l'observation :

66. — Vertige lorsqu'il se lève de sa chaise;

Vertige en se redressant après s'être baissé;

Vertige surtout étant couché, comme si le lit tournait;

Vertige le matin en sortant du lit..

70. — Vertige en descendant l'escalier ; elle est obligée de s'appuyer et pendant quelque temps elle ne sait où elle est.

123. — Pression dans les yeux, surtout en lisant.

143. — Tressaillement de la paupière supérieure;

Tremblotement du regard, comme si l'œil tremblait.

146. — Saillie des yeux hors des orbites ;

Difficulté d'ouvrir les yeux le matin;

Dilatation des pupilles (au bout d'une heure).

153. — Cécité, l'après-midi, de courte durée; après s'être plaint de mal à la tête et aux yeux, l'enfant perd la faculté de voir, ce qui plus tard lui arrive encore quelquefois;

Obscurcissement de la vue au grand air : il voit mieux dans la chambre;

Presbytie chez un myope (au bout de trois heures et demie), myopie plus grande qu'auparavant (au bout de 39 heures), il voit les objets doubles et triples; il lui semble qu'un fil voltige devant son œil droit; nuages et taches claires devant les yeux;

Taches de feu se mouvant les unes parmi les autres devant la vue, quand il ferme les yeux, la nuit;

En lisant de près, les lignes lui semblent monter et descendre; étincelles de feu devant les yeux, en marchant au grand air; irritabilité de l'œil accrue (les premiers jours).

Hahnemann cite en outre les faits de Fothergill, Lange, Boerhaave, Gatacker, Baylies et Andree; que si l'on voulait reprendre en détail tous les faits amaurotiques que j'ai mentionnés, et si on était tenté d'en faire des tableaux d'après la méthode hahnemanienne, on augmenterait outre mesure cette liste symptomatologique. On peut critiquer la méthode d'exposition de Hahnemann, lui reprocher son défaut d'ordre et de concision, le silence fait sur les doses correspondantes, etc., toutes ces observations sont justes; toutefois les faits physiologiques sont incontestables, et se trouvent amplement démontrés par l'histoire du vertige amaurotique, telle qu'elle vient d'être faite. Je ne puis m'empêcher de faire remarquer pour la cent et unième représentation, combien les adversaires de Hahnemann ont fait preuve d'ignorance, en traitant ses pathogénésies de rêveries symptomatiques.

Hahnemann note en outre d'autres accidents du côté des yeux, qui concluent tous aux divers phénomènes de la conjonctivite (s. 125-140). Barbier disait que chez les personnes qui prennent journellement de la ciguë, les yeux deviennent rouges. L'observation de Dice Brown (obs. XXXII) vient à l'appui : ce qui est confirmé par les expériences sur les animaux faites par van Praag et Roussel. Dans beaucoup de cas, dit le premier, on remarque la congestion de la conjonctive, — ses expériences ont été faites avec la conicine injectée sous la peau. Les expériences de Roussel sont encore plus nombreuses. La congestion des conjonctives a été notée sur six chiens, un chat et quatre chevaux. L'injection de la muqueuse buccale l'accompagne ordinairement. « L'injection des vaisseaux capillaires, dit le jeune médecin français, manque rarement, surtout dans la conjonctive, parfois elle est même si manifeste qu'elle revêt le caractère ecchymotique. C'est ce que nous avons observé sur une jument soumise pour la première fois à l'action de la conicine. Nous lui en avons fait prendre trois grammes par la voie stomacale, dans un peu d'alcool et d'eau ; ce phénomène se montra quatre minutes après l'ingestion et persista pendant tout le temps de l'observation qui dura une heure. Cette injection des muqueuses qui apparaît si rapidement, est en même temps un des phénomènes physiologiques les plus lents à s'effacer ; nous croyons même que c'est lui qui persiste le dernier : nous avons en effet trouvé la rougeur des conjonctives deux heures après que tout autre phénomène avait disparu.

Lorsque nous donnions des doses toxiques, l'injection des muqueuses faisait place, quelques minutes avant la mort, à une décoloration trs-marquée.

Cette injection de la muqueuse buccale est un symptôme à joindre à la physiologie du *conium*. Les adversaires de Hahnemann se plaignent du trop grand nombre de symptômes consignés dans sa pathogénésie. S'il y a à retrancher, il y a aussi à ajouter.

En résumé, le vertige cicutaire est un symptôme des mieux établis : c'est ce qui a fait dire à un médecin anglais, John Rutty, à la fin du siècle dernier : — Quelle que soit l'opinion que l'on ait sur la ciguë athénienne, il est certain que notre ciguë vulgaire concorde parfaitement avec celle de Dioscoride et de Galien et dans ses caractères extérieurs et dans ses effets, surtout pour le vertige qui est un accident habituel produit par l'extrait (*Med. observ. and inquiries*, t. III).

A côté des accidents de la vue, il faut faire figurer ceux de l'ouïe. MM. Devay et Guilliermond sont les seuls à avoir constaté la surdité chez les animaux. Sur deux chiens, l'un empoisonné avec six grains de conicine, l'autre avec dix grammes de poudre de ciguë, l'ouïe disparaît en même temps que la vue, aux approches de la mort. Les autres expérimentateurs auraient pu certainement constater le même symptôme, s'ils y avaient fait attention. Les observations d'empoisonnement chez l'homme n'ont pas encore révélé cet accident. Earle et Wight, en expérimentant sur eux-mêmes, notent que l'ouïe est diminuée ainsi que la vue. L'élève de Chiappa, à la suite d'un cicutisme prolongé, avait conservé des bourdonnements dans la tête et des tintements d'oreille. Reil expérimentant la conicine en application sur les dents cariées, signale entre autres accidents l'hallucination de l'ouïe (1). Tous ces faits ne font que confirmer les nombreux symptômes auriculaires que l'on trouve cités dans la pathogénésie de Hahnemann, du n° 165 au n° 188, et qui ont fait du conium un remède important dans les maladies de l'organe de l'audition.

ANALYSE DE QUELQUES SYMPTOMES.

Pour compléter l'exposition de la pathogénésie cicutaire et en poursuivre l'histoire, il convient d'insister en détail sur quelques accidents ou symptômes.

I. Le hoquet, *singultus*, λυγμὸς, mentionné par Dioscoride, se trouve répété dans les descriptions d'Ardoinis, de Paré et Sennert. Il n'est cité que dans trois observations anciennes du XVII\ e siècle (Timæus, Rösler et Waldschmidt). Hahnemann le donne trois fois dans sa pathogénésie (s. 285, 314, 322), mais il note souvent les symptômes éructations, rapports et renvois qui se rapprochent beaucoup du hoquet. On trouve aussi les *ructus stomachi* dans Simon Paulli ; dans les nombreuses expériences faites sur les chiens, MM. Devay et Guilliermoud sont les seuls à signaler le *singultus*. Si le hoquet signalé par Dioscoride n'a pas été mentionné plus souvent, cela tient, en dehors du défaut d'examen, au petit nombre des observations que nous possédons d'empoisonnement par la ciguë. Nul doute que les recherches ultérieures ne donnent raison à Dioscoride. En fait d'action pharmacodynamique, on peut avoir foi dans les anciens.

(1) *Journal f. Pharmakodynamik*, 1856.

II. Des phénomènes de paralysie positifs se produisent du côté du pharynx, du larynx, de la langue et des
mâchoires. — L'individu de Bauhin ne pouvait pas avaler. Melchior Friccius mentionne la dysphagie parmi
les accidents de la ciguë. Ehrhart parle de crampes
dans le pharynx et de gêne dans la déglutition. Reil
expérimentant la conicine sur des dents cariées douloureuses, affirme avoir vu survenir souvent la dysphagie une à trois minutes après l'application. On
donna un peu d'eau à l'empoisonné de Bennet, mais il
lui fut impossible de l'avaler. Le symptôme de sécheresse de la gorge et de la langue, signalé par Faber,
Schlegel et autres, serait-il en rapport avec les accidents de paralysie, ainsi que le mal de gorge signalé
par Haaf? Sur deux chevaux empoisonnés par la conicine, Roussel note des mouvements des mâchoires qui
indiquent du mal de gorge. Hahnemann note aussi la
difficulté d'avaler et une douleur cuisante dans la gorge
(s. 250, 252, 254).

Störck, après avoir mis deux gouttes de suc de racine
fraîche de ciguë sur la langue, y éprouva de la raideur,
de l'enflure, de la douleur et perdit après l'usage de la
parole. Andree signale parmi les accidents de la ciguë,
la difficulté de parler; Ehrhart, l'aphonie. Il y eut perte
de la voix dans les observations de Hunter, Haaf et
Bennet. Le Dr Wight, expérimentant la ciguë sur lui-
même, resta quelque temps aphone. Parmi les petites
malades empoisonnées à l'hôpital Sainte-Eugénie,
« quelques-unes qui ne présentaient pas de troubles de
l'intelligence, offraient une paralysie des muscles de la
langue qui les empêchait de répondre aux questions
qu'on leur adressait ». Harley lui-même a observé que

la parole était embarrassée et défectueuse sous l'influence de fortes doses de ciguë. Hahnemann n'a point vérifié ces symptômes; il se contente de citer Störck Andree et Ehrhart.

Les accidents de paralysie de la mâchoire inférieure se dessinent nettement. Dans l'observation de Hunter, prolapsus de la mâchoire; elle est abaissée dans celle d'Alderson; chez les deux enfants de Skinner, elle était pendante ainsi que la langue. Sur trois chiens empoisonnés avec de la conicine par Casaubon, la gueule était entr'ouverte, la langue pendante. Sur deux chiens empoisonnés avec de la semence de ciguë, MM. Devay et Guilliermond constatent qu'ils ouvraient la gueule comme s'ils avaient cherché à avaler de l'air.

L'action paralysigène de la ciguë sur la langue, le larynx, le pharynx et la mâchoire est incontestable et devient une caractéristique remarquable de cet agent, Au relâchement paralytique musculaire, il faut joindre, pour les mâchoires, la contraction tonique. Ehrhart a noté le trismus. Sur un cheval et un chien empoisonnés par la conicine, le même symptôme a été constaté par Roussel. Le même a observé de nombreux bâillements sur deux chiens. Wepfer avait mentionné le même symptôme « oscitatio » sur une louve qu'il avait empoisonnée avec la ciguë vulgaire.

III. Harley insiste sur la rapidité avec laquelle la paralysie rayonne dans tout le corps. A forte dose médicinale, dit-il, son action est si soudaine, si puissante, que l'individu, s'il est debout, a à peine le temps de lever les bras et de saisir un point fixe pour prévenir sa chute. A des doses inférieures, la dépression musculaire est si subite qu'on a vu des femmes laisser tomber à terre leur enfant, ou tout autre objet qu'elles portaient dans leurs bras (p. 11, 12). Dans les expériences de Casaubon (p. 107), sur un chien empoisonné par la conicine, le train postérieur est paralysé avant l'antérieur, mais celui-ci se prend bientôt et *subitement.* Sur un autre chien, huit minutes après l'injection sous-cutanée de la conicine, raideur foudroyante du train postérieur (Roussel, p. 27). Sur un second chien, paralysie subite du train de devant au bout de 43 minutes (id., p. 29).

L'arrivée subite des symptômes, dit Harley, après une première dose de ciguë, excite quelquefois chez les personnes nerveuses, l'action du cœur pendant quelques minutes, ou amène de légères nausées, une sueur froide, ou une évacuation intestinale, mais ces effets d'*émotion* sont très-rares, et quand ils surviennent, ils sont tout à fait indépendants de l'action de la ciguë (p. 16).

Cette affirmation d'indépendance, de la part de l'auteur anglais, est une erreur : ces symptômes, entre autres les évacuations alvines, se retrouvent dans les expériences sur les animaux; ce qui est la négation des *emotional effects.*

Cette rapidité, dans les accidents de la ciguë, justifie complètement le synonyme grec δολία, « qui agit par surprise », que l'on trouve dans Dioscoride. Hermolaus Barbarus, dans ses commentaires sur le même auteur, donne un autre synonyme : — Cicutam sunt qui etiam *evhemeron a celeritate interitus* vocarunt, ut Photion auctor est. — Il ne faut pas s'étonner si cette plante vénéneuse détermine promptement la mort. Les expériences sur la conicine l'ont amplement démontré. Sept gouttes de cette substance prises à l'intérieur ont tué trois chiens en 10, 23 et 24 minutes (van Praag). On trouve des expériences presque identiques dans Casaubon et Roussel. Ce dernier tue un chat avec 5 gouttes en 3 minutes, et une jument avec 4 grammes en 8 minutes. MM. Devay et Guilliermond ont fait mourir un premier chien en 12 minutes avec 50 grammes d'extrait, et un second en 8 minutes avec 1 gramme.

Il est probable qu'avec une quantité suffisante de conicine, l'homme devrait mourir en moins d'un demi-quart d'heure. Santes de Ardoinis semble avoir dit vrai en fixant trois heures pour l'empoisonnement mortel par les préparations ordinaires de ciguë. Socrate ne paraît pas avoir dépassé ce temps. La mort de Philopemen est racontée comme ayant été très-prompte, ainsi que celle de Démosthènes. Sénèque ne trouvant pas qu'il mourût assez vite, demanda la ciguë. Le temps a été marqué exactement dans trois observations modernes, et, coïncidence curieuse, elles légitiment le chiffre d'Ardoinis. Le malade de Hunter mourut en deux heures; le soldat de Haaf, trois heures après le souper fatal; l'individu de Bennet mourut aussi en trois heures. Cette rapidité de la mort par ce poison était un fait si familier aux anciens, que Plutarque en parlant dans la vie de Dion du miel et de la ciguë, production de l'Attique, dit que cette province produit la ciguë la plus délétère, ou plutôt, pour traduire exactement le mot grec ὠκυμορώτατον, *la plus prompte à donner la mort*.

IV. Je ne sache pas qu'aucun des auteurs ayant écrit sur la ciguë, ait fait attention au passage suivant de Pline : — « Bibendi etiam causa venena conficiuntur, *aliis cicutam præsumentibus* ut bibere mors cogat » (L. 15, c. 22). Dans ce chapitre où il flétrit l'ivresse, le naturaliste romain va jusqu'à dire que l'on prépare des poisons en vue de boire, qu'on avale de la ciguë, plante qui donne la mort, pour se mettre en état de boire forcément. Ce passage de Pline établit une propriété curieuse de la ciguë, celle de donner soif, et nous apprend qu'elle était mise à profit par les ivrognes de son temps. L'observation moderne confirme pleinement ce fait. Dans l'observation de Kircher, l'un des empoisonnés se dit transformé en canard, et déclare qu'il ne peut éteindre l'incendie intérieur qui le dévore, qu'en allant se jeter à la rivière. Dans cette observation traitée de fable par plusieurs, il est permis de voir la soif se dessiner au milieu de cette hallucination. Une des empoisonnées de Smet avait très-grande soif et ressentait à l'estomac et au gosier une chaleur intense. Chez les deux femmes de Simon Paulli, quatre heures après l'empoisonnement, il restait une soif très-incommode. L'individu de Faber avait le gosier extrêmement sec. Parmi les accidents reprochés à la ciguë par les adversaires de Störck, Baylies et Fothergill notent le symptôme de soif.

Le jeune homme de Schlegel accusait plusieurs heures après l'empoisonnement une soif violente avec pression brûlante au bas-ventre. Hahnemann mentionne trois fois le symptôme. (s. 273, 274, 874). « Dans plusieurs de nos expériences et sur les lapins surtout, dit Casaubon, nous avons constaté de la soif due sans doute à un défaut de sécrétion, à une sécheresse de la gorge. Dans l'empoisonnement par la ciguë vireuse, la soif est même ardente; dans les empoisonnements par la grande ciguë, de l'avis des auteurs qui en ont observé, il y avait une sensation d'ardeur et de sécheresse de la gorge, et la soif était vive. » Dans les expériences de Roussel, on voit un chien refuser de boire; un autre boire à plusieurs reprises. Chez un lapin auquel on a injecté une goutte de conicine, la soif est très-vive (Casaubon). Tous ces faits suffisent pour légitimer la soif cicutaire et expliquer le passage de Pline.

V. A côté de la soif, il faut placer la salivation. Jusqu'à présent, elle n'a été observée qu'une seule fois chez l'homme. C'est Hahnemann qui le dit, à propos d'une observation de *Bierchen* que je n'ai pu retrouver. En revanche, elle a été constatée fréquemment dans les expériences sur les animaux. MM. Devay et Guilliermond notent une salivation abondante sur deux chiens empoisonnés par la conicine administrée par la bouche. Suivant Léonide van Praag, la salivation n'est point un phénomène constant, mais elle se présente fréquemment. Dans deux de ses expériences sur les chiens, la conicine, absorbée par la bouche ou par une plaie, a produit cet accident. Roussel, dans ses expériences sur des chiens et des chevaux, n'a observé la salivation que dans le cas où la conicine était administrée par la bouche et l'explique par l'action directe de cette substance sur la bouche.—Les phénomènes constatés chez trois chiens, dit Casaubon, nous ont paru assez concluants. Aussitôt que la titubation commençait, il se faisait un écoulement de salive blanchâtre. — Ces chiens avaient reçu la conicine en injection hypodermique : ce qui contredit l'opinion de Roussel sur l'action directe sur la muqueuse. Evidemment, la salivation est un effet dynamique; d'ailleurs la conicine introduite par la bouche ne produit pas invariablement le ptyalisme cicutaire.

VI. A dose toxique, la ciguë tue rapidement, ou bien les accidents disparaissent avec rapidité, en général dans les vingt-quatre heures; à forte dose médicinale, les symptômes s'évanouissent promptement, en trois ou quatre heures, comme on peut le voir dans les expériences de Harley. Cette règle supporte des exceptions, surtout pour les empoisonnements à dose toxique. D'assez nombreux accidents consécutifs sont mentionnés par les observateurs. Dans le cas de Timæus, l'oppression et la dyspnée persistèrent jusqu'au troisième mois (1).

Bartholin parle d'une douleur de tête continuelle. Les deux moines de Kircher vécurent encore trois ans, mais ils avaient continuellement des tremblements et des taches. Chiappa note chez son jeune homme qui avait abusé de la ciguë, une telle langueur d'estomac, qu'au moindre excès il survenait incontinent de mauvaises digestions, des bourdonnements dans la tête, des tintements d'oreille, une faiblesse excessive des membres inférieurs et de fréquents accès de fièvre périodique. Les accidents cérébraux sont remarquables. Limprecht, cité par Pereira, rapporte qu'une vieille femme eut pendant trois mois des douleurs abdominales et des mouvements convulsifs des membres pour avoir mangé de la racine de grande ciguë.

(1) Scaliger qui a écrit un bon chapitre sur la ciguë, dit en parlant de ses accidents : « multos alios vertigine torsit et *oblivione.* » Chose remarquable, Hahnémann mentionne aussi le *défaut extraordinaire de mémoire,* en même temps qu'il cite Rowlay pour perte de cette même faculté, d'après une observation que je n'ai pu trouver.

Dalechamp, dans ses notes sur Pline, affirme avoir vu un homme empoisonné par la ciguë, devenir fou pour le reste de ses jours (1). Le moine franciscain de Mathiole fut pris pendant plusieurs mois, tantôt de démence, tantôt de fureur, après s'être empoisonné avec cette plante. D'un autre côté, nous voyons dans une vieille observation de Smet le délire persister pendant quatre jours et dans une observation récente de Devay et Guilliermond, pendant quinze jours. — Loin de repousser tous ces faits, comme quelques-uns l'ont osé, il faut les enregistrer religieusement. *A priori*, il n'y a rien d'étonnant qu'il y ait des accidents consécutifs dans les empoisonnements : ils existent bien pour l'arsenic, la belladone, et j'oserai dire, pour toutes les substances vénéneuses. — Nul doute qu'à la longue l'observation ultérieure ne donne, pour la ciguë, raison à l'observation ancienne. Tous ces accidents consécutifs sont du reste justifiés par la physiologie détaillée de ce poison. Si l'on voulait pousser le scepticisme jusqu'à prétendre que la plante ayant donné lieu à ces empoisonnements n'était peut-être pas la ciguë véritable, je répondrais que Mathiole et Dalechamp, par exemple, connaissaient beaucoup mieux cette plante que la majorité des médecins et des pharmaciens modernes.

VII. Comme tant d'autres médicaments, la ciguë est positivement exanthématogène. Deux observations de ce mémoire viennent à l'appui : c'est celle de Simon Paulli, où deux femmes, quelques jours après leur

(1) « Esu cicutæ, quæ apii hortensis specie incautum fefellerat, ego « quemdam novi ad extremum usque vitæ dementem factum » (Dalechamp).

empoisonnement, présentèrent l'éruption suivante : —
« Totum corpus maculis ex rubro subnigris, subasperis
et scabris, magnitudinem squammæ cyprini piscis æ-
quantibus, minoribus hinc inde interspersis pictum.» —
Pendant trois ans, les deux moines de Kircher furent
sujets à des taches. Quoique les éruptions cicutaires
n'aient pas été signalées par l'antiquité, elles ont été
souvent observées par les modernes. Juncken, en donnant la formule de l'emplâtre de ciguë, c'était à cette
époque la seule préparation usitée, avertit qu'il provoque de la rougeur : *ruborem inducit* (1).

Au commencement de ce siècle, Kretschmar, auteur
allemand d'une matière médicale, disait : — La preuve
que la ciguë possède un principe volatil âcre, c'est que
la vapeur qui s'élève du suc épaissi pour faire l'extrait,
attaque la peau. — La ciguë, disait Burdach, agit fortement sur la peau ; elle y produit des démangeaisons,
des vésicules, et même de l'érysipèle (*Arzneimittellehre*,
1809). Voigtel parle également de démangeaisons et
d'inflammations érysipélateuses. — Sachs prétend n'a-
voir jamais vu la couperose, *gutta rosacea*, survenir à la
suite de l'administration interne de la ciguë, comme il
a été dit, même à dose croissante; ce qui prouve que
d'autres l'ont vu (2).

Suivant Neumann, la ciguë, prise à haute dose, provoque des éruptions cutanées et même l'érysipèle (3).
Dans l'observation d'Earle et Wight, il a été question
d'éruptions érythémateuses.

Harley ne parle nullement de l'action de la ci-

(1) Juncken. *Corpus pharmaceutico-chimico-medicum.* Francofurti A. M.,
1711.

(2) Sachs u. Dulk. *Handwörterbuch der Arzneimittellehre*, 1830.

(3) Schmidt's Jahrbücher, 1840.

guë sur la peau : cependant, chez un enfant de
12 ans, choréique, qu'il traitait par 8 et 12 grammes de
succus conii, trois fois par jour, on voit survenir, le
dixième jour, une forte éruption d'urticaire qui dura
trente-quatre heures (p. 41). Dans une autre observation, où il s'agit d'un cancer du sein traité pendant
onze mois, à l'intérieur comme à l'extérieur, Harley, à
deux reprises, fut obligé de suspendre le traitement
externe, parce qu'il se produisait une éruption épider-
mique, sèche, squameuse de plaques en croissant. La
peau, très-irritée, avait une coloration cuivrée, identique, en apparence, à celle de la lèpre aiguë. Toutes
les fois qu'on supprimait le conium, la peau revenait à
son état naturel (p. 54).

Outre les pétéchies de Simon Paulli, déjà citées, Hahnemann mentionne le prurit de la peau, d'après Störck,
et l'inflammation générale de la peau, avec douleur
brûlante, d'après Baylies. Il décrit, en outre, de nombreux symptômes de la peau, d'après ses expériences
personnelles.

Jahr les a résumés et complétés en disant : Elance-
ments et prurit picotant à la peau ; couleur bleuâtre de
la peau de tout le corps ; inflammation douloureuse de
la peau ; éruption urticaire ; boutons, comme ceux de la
gale, qui deviennent croûteux ; taches bleuâtres ou
rouges et pruriteuses sur le corps, qui disparaissent et
reviennent ; dartres humides ou croûteuses et brû-
lantes ; ulcères noirâtres avec écoulement sanieux, san-
guinolent et fétide ; ulcères gangréneux ; panaris ;
pétéchies ; taches rougeâtres et verdâtres, comme par
ecchymoses (Jahr. *Nouveau manuel de méd. homœop.*,
2ᵉ édition, 1872).

L'action locale de la conicine injectée sous la peau mérite d'être étudiée. Casaubon a, le premier, appelé l'attention là-dessus. Vingt-quatre heures après une piqûre faite à la peau d'une chienne avec un mélange d'alcool et de conicine, il constate, à cet endroit, la présence d'une tumeur aussi large que la main. Six jours après, au niveau de la tumeur enkystée, les poils sont tombés ; il s'est formé une plaie à bords durs et calleux. Vers le vingtième jour, l'ulcère commence à se sécher ; il ne mesure plus que 3 centimètres de diamètre. Quarante-six jours après, la plaie n'était pas entièrement cicatrisée. L'auteur a regretté de n'avoir pas continué ses expériences, d'autant plus qu'il s'était aperçu, dans le cours de son travail, que la conicine, à dose continue, devait produire des *dégénérescences variées*. Roussel a donné à ce sujet des expériences plus nombreuses : — Quelque minime, dit-il, que soit la dose de conicine employée en injection, il se produit un désordre appréciable qui consiste en une ecchymose livide, verdâtre, de forme ronde, disparaissant au bout de quelques jours. Mais si la dose a été un peu élevée, dans un laps de temps qui varie avec l'espèce de l'animal, toute la partie ecchymosée se gangrène, forme une eschare qui se détache après avoir laissé écouler de la sérosité. Alors un ulcère apparaît, parfaitement rond, à bord taillé à pic, et dont le fond est le muscle entouré de sa gaîne ; il n'y a plus pour le recouvrir la moindre trace de tissu cellulaire. Cet ulcère met aussi, suivant l'animal, plus ou moins longtemps à se cicatriser. Ainsi, chez le chien, sans traitement, la cicatrisation a demandé un mois ; chez le cheval, dans les mêmes conditions, elle a exigé un mois et demi (p. 58).

Il n'est pas besoin de dire combien tous ces faits ont de l'intérêt, et quelle importance il y aurait à en poursuivre l'étude, pour se rendre compte des *dégénérescences variées* que peut produire la ciguë ; ces dégénérescences n'ont pas le temps de se former à dose toxique. Pour y voir clair, il faudrait tenir les animaux en état permanent de cicutisme. Ce que nous ignorons le plus dans l'histoire des empoisonnements, ce sont les lésions qui peuvent se produire par l'intoxication répétée et prolongée. Dans toutes ces questions, il y a une ample moisson pour les expérimentateurs.

En terminant ce chapitre, résumons à grands traits la physiologie de la ciguë, telle qu'elle ressort de l'observation. L'action cérébro-spinale est prédominante. Sur le cerveau, elle détermine un délire multiforme, avec hallucinations, actes bizarres, etc. Convulsions ou paralysies, voilà ce qu'elle produit sur la moelle. Les paralysies sont de beaucoup plus fréquentes, tantôt générales, tantôt locales ; deux points principaux semblent plus fréquemment affectés : les nerfs de la vision, par le vertige amaurotique et la partie inférieure de la moelle par la paralysie. La paralysie ascendante est un des côtés remarquables de la paralysie cicutaire, quoiqu'elle ne soit pas une condition *sine qua non*. Il semble que nul agent ne produit autant de paralysies distinctes : paralysie de la vision et des paupières, paralysie de l'ouïe, paralysie de la glotte (aphonie) ; paralysie du pharynx, de l'œsophage et de la langue ; prolapsus paralytique de la mâchoire ; paralysie des poumons, produisant l'asphyxie terminale ; paralysie des organes génitaux, des sphincters de l'anus et de la vessie. Le poison cicutaire paraît disséquer admirablement tout le système nerveux par ces diverses paralysies partielles, qui existent tantôt isolément, tantôt associées à d'autres, ou confondues dans une paralysie générale de l'appareil céphalo-rachidien.

La ciguë est donc un agent essentiellement paralysigène : à la clinique de vérifier son pouvoir paralysifuge.

J'ai parlé de son action sur la peau. Elle ne paraît pas opérer beaucoup du côté du tube intestinal ; elle exerce, en outre, une action élective très-manifeste sur les organes génitaux et mammaires, comme on va le voir au chapitre suivant.

CHAPITRE CINQUIÈME.

Preuves thérapeutiques.

Les anciens ont employé la ciguë dans un assez grand nombre de maladies. Parmi ces applications thérapeutiques, j'en choisis deux : la première, dans les affections des organes génitaux ; la seconde, dans celles des glandes mammaires. Je le à fais dessein, parce que dans ces deux cas il a été fait application de propriétés spéciales de la ciguë, qu'elle possède presque à l'exclusion de la plupart des médicaments. Si ces propriétés signalées par l'antiquité ont été vérifiées par les modernes avec la ciguë vulgaire, ce sera une preuve de plus de son identité avec celle des anciens.

I. Commençons par l'action de la ciguë dans la sphère génitale. Il faut qu'elle ait été entrevue dès l'aurore de la médecine, puisque Hippocrate s'en servait pour procurer les lochies ; il l'appliquait à l'extérieur dans les douleurs hystériques; il en faisait des fumigations contre les écoulements morbides de l'utérus et la stérilité. Comme topique, il employait aussi les semences de ciguë en bouillie chaude dans du vin contre la chute du rectum (1). Ce sont les seules applications qu'il ait faites de ce médicament : il est remarquable qu'elles aient été toutes pratiquées dans la région ano-génitale.

Dioscoride recommandait la ciguë *in seminis profluvio* et contre les songes lascifs ; appliquée à l'extérieur, elle atrophie les testicules. Pline en dit autant : « extinguit venerem testibus circa pubertatem illita. » Arétée la préconise contre le satyriasis. A la fin du quatrième siècle, le compilateur Marcellus empiricus écrivait : « ut eunuchum sine ferro facias, radices cicutæ ex aceto teres et inde testiculos illines..... hoc quantum tenuioribus infantibus feceris, eventu efficaciore proveniet. »

L'hiérophante, grand prêtre des mystères d'Eleusis, était condamné par sa charge à la continence perpétuelle : c'était par la ciguë qu'il dominait ses appétits virils, ainsi que nous l'apprend Origène dans son livre contre Celse (2). En terminant son premier livre contre

(1) Dans l'observation d'Alderson, le sphincter anal ne pouvait pas retenir les matières fécales contenues dans le rectum. Suivant Casaubon, chez les animaux, une émission d'urine et de fécès a lieu aux périodes extrêmes de l'intoxication. Roussel signale aussi la défécation précédant de quelques instants la mort. Hippocrate, employant la ciguë contre la chute du rectum, faisait donc un traitement homœopathique.

(2) Voici ce passage d'Origène, où l'illustre père de l'Église met en présence, par une distinction magnifique, ce pauvre hiérophante du pagan'sme et cette foule de chrétiens qui n'avaient pas besoin de ciguë pour vivre chastement, à qui le Verbe de Dieu suffisait seul pour chasser toutes concupiscences de leurs pensées même : — « Et apud Athe- « nienses quidem unicus pontifex ne ipse satis sibi fidens quod impe- « rare possit masculis cupiditatibus, cicuta oblinitis virilibus, putatur « satis idoneus ad caste obeundas ejus civitatis solemnes ceremonias, et

Jovinien, où il fait l'éloge de la chasteté chrétienne, Saint Jérome rappelle aussi ce fait pharmacodynamique; après avoir cité divers exemples de continence païenne, il s'écrit : « Hierophantes Atheniensium *usque hodie cicu-tæ sorbitione castrari*, legant et postquam in pontificatum fuerint electi, *viros esse desinere* » (1). Ailleurs, dans son traité sur la monogamie, adressé à Gerontia, il dit encore dans son langage énergique en faisant allusion au procédé paralysigène de la ciguë : « Hierophanta ad Athenas *evirat virum et æterna debilitate* fit castus. » Saint Basile et Saint Ambroise, chacun dans leur *hexameron*, font mémoire de la propriété qu'a la ciguë d'éteindre les désirs charnels. On peut comprendre maintenant quelle est l'autorité des Pères de l'Église sur cette question. MM. Ollivier et Bergeron, dans leur article de dictionnaire, se permettent de dire *qu'on ne s'attendait guère à voir Saint Jérôme en la matière.* Il a droit d'y figurer historiquement, puisqu'il nous a conservé une tradition pharmacodynamique suivie à Athènes (2). C'est

« apud Christianos non desunt viri quibus cicuta ad hoc nil opus est ut « Deo caste serviant, sed pro cicuta eis Verbum Dei sufficit ad expellen- « das e cogitatione omnes concupiscentias et vacandum precationibus » (Origenes, *contra Celsum*, L. 7).

(1) Saint Jérôme dit positivement que l'hiérophante avalait la ciguë. Le traducteur latin d'Origène traduit par *cicuta oblinitis virilibus* le passage κωνειασθεὶς τά ἀρσενικά μέρη qui a tout l'air d'indiquer une application lo- cale, application qui rappelle les procédés signalés par Dioscoride, Pline et Arétée. Les mystères d'Eleusis existaient encore du temps de saint Jérôme, *usque hodie;* ils ne furent abolis que sous le grand Théo- dose, comme on peut le voir dans *Eleusinia* du savant Meursius (Joan- nis Meursi *Opera*, t. II, Florentiæ, 1744).

(2) Saint Jérôme, avec son histoire du Grand Prêtre d'Eleusis, a été cause d'un empoisonnement curieux dans le siècle dernier, comme on peut le voir dans les œuvres de Duval (Valentin Jameray), Paris, 1785. — Ce savant conservateur du cabinet de Vienne fut pris dans sa jeunesse d'une passion violente pour une jeune personne. Pour ne point

à lui et à Origène que nous devons de connaître le procédé d'éviration cicutaire employé par les hiérophantes.
Nous allons voir du reste cette propriété de la ciguë, que
les auteurs de l'article en question *traitent de fables*, persister dans la tradition et se trouver démontrée par
l'observation la plus moderne.

Avicenne mentionne la ciguë au chapitre *de exsicca-
tivis frigidis spermatis*. Plus tard, on voit Platearius l'indiquer dans la stérilité féminine. Ranchin cite Basile,
insigne théologien et médecin, lequel atteste avoir vu des
personnes *quæ potione cicutæ exstinxerunt rabiosas cupidi-
tates*. Il ajoute que ceci est confirmé par l'expérience,
mais il ne veut pas qu'on administre la ciguë à l'intérieur. D'après Sinibaldi, elle apaise les feux de la
concupiscence. Henri de Heer la considère comme un
véritable arcane *ad inflationem et tumorem penis ex nimio
venere* (1), tandis que Cæsalpin la recommande *ad refri-
gerandos testiculos in intempestiva nocturna pollutione*. An-
toine Legrand, dans un ouvrage loué par Haller (2), conseille la ciguë contre le satyriasis. Plus tard, nous voyons
Störck, à l'imitation d'Hippocrate, traiter la leucorrhée
rebelle par le conium *intus et extus :* Bergius prône ce
traitement et cite un cas d'impuissance guérie par la
ciguë. Hunter et Swediaur l'ont employée dans les en-

y céder, comme il avait lu le passage de saint Jérôme, il se fit apporter
une bonne quantité de ciguë et la mangea en salade. Cette imprudence
pensa lui coûter la vie et lui causa plusieurs mois de souffrance. L'application du remède était rationnelle, mais la dose était trop forte.

(1) Ranchin. *Opuscula*. Lugduni, 1627. Sinibaldi. *Geneanthropeiæ sive
de hominis generatione decateuchon*. Roma, 1642. — Henricus ab Heer.
Observationes medicæ. Lipsiæ, 1643.

(2) Antonius Legrand. *Curiosus rerum abditarum naturæque arcano-
rum perscrutator*. Nurnberg, 1681.

gorgements de la prostate, et Astley Cooper dans l'*irri-
tab'e testis*.

Les homœopathes ont aussi leur apport. Hahnemann
a recommandé la ciguë dans l'impuissance à ses degrés
divers et aussi dans l'hypochondrie par continence chez
les célibataires; est-ce en souvenir de l'hiérophante? Le
conium est un remède souverain contre les pollutions
excessives sans excès antérieurs (*Allg. homœop. Zeitung*,
t. I, p. 161). Lobethal le préconise aussi dans les pollutions fréquentes des jeunes gens et l'impuissance partielle. Pour l'école homœopathique, le conium est devenu
un remède important dans nombre de maladies des
organes génitaux, comme on peut le voir dans les
manuels de Jahr et Hughes, où il est indiqué dans les
pollutions, l'impuissance, la stérilité, l'ovarite chronique,
l'aménorrhée, la congestion utérine, les crampes et les
déplacements de matrice, les polypes utérins et la leucorrhée.

Il est important de citer Harley en la matière. Il confirme non-seulement la tradition, mais encore l'école
homœopathique, qu'il se permet pourtant d'appeler quelque part une source d'ignorance et d'erreur. Le médecin anglais commence par donner l'observation d'un
gentleman qui fit une chute considérable, put toutefois
reprendre son chemin et ses occupations le même jour.
Mais, dans les vingt-deux jours suivants, il fut pris
d'érections incessantes, avec pertes séminales profuses
qui, sur la fin, devinrent sanguinolentes. C'est alors que
Harley le vit; il était agité, sans forces, les jambes dé-
bilitées, tremblantes ; le pouls faible, vite et irrégulier.
12 grammes de *succus conii* furent prescrits et répétés
par intervalles de plusieurs heures. Le traitement dura

six jours. Les pertes continuèrent de temps en temps le premier jour du traitement, puis cessèrent ; à la fin de la semaine, guérison complète et permanente.

« Cette observation, dit Harley, m'amène à parler de l'influence du conium sur les organes génitaux. J'ai fait des expériments complets dans chaque variété de maladies de cette espèce. Je n'ai jamais vu le conium manquer son effet bienfaisant dans les cas d'épuisement et d'irritabilité dus à l'onanisme ; dans cette irritation pénible survenant chez les individus privés soudainement des rapports conjugaux, ainsi que dans les cas d'érotisme dû à une irritation obscure de la portion lombaire de la moelle épinière. Il est très-remarquable que le conium, si puissant dans les conditions morbides des fonctions sexuelles, soit impuissant à déprimer leur fonction naturelle. Les anciens croyaient que non-seulement il éteignait les désirs vénériens, mais qu'il atrophiait directement les testicules et les mamelles, ce dernier fait impliquant forcément l'atrophie des ovaires. Ce qui est contredit par mes expériences. Elles m'ont amené à conclure que le conium, à doses toxiques, n'a pas plus le pouvoir de suspendre ou de déprimer les désirs voluptueux, que d'arrêter ou de déprimer les fonctions respiratoires. Le conium, à doses médicinales, peut seulement agir sur les conditions morbides de la moelle épinière, mais il laisse ses fonctions physiologiques intactes (p. 50). »

Les dires du médecin anglais méritent critique ; tout en reconnaissant le pouvoir curateur de la ciguë dans les maladies des organes sexuels, épuisement onanique, surexcitation à des degrés divers, Harley nie toute action physiologique sur ces organes de la part du médicament. C'est là une profonde erreur. Non-seulement le conium atrophie les organes génitaux et déprime leurs fonctions à l'état sain, mais il les exalte aussi, donnant la preuve de ces symptômes alternatifs, en apparence opposés, si fréquents dans certaines sphères de l'organisme. *A priori*, il est impossible qu'un médicament exerçant une action curatrice manifeste dans les maladies, ne se révèle pas d'autre part de quelque manière à l'état physiologique. Si l'on me disait que la belladone est un excellent remède dans les affections des yeux, mais qu'elle n'exerce aucune action physiologique sur les yeux mêmes, je ne croirais pas à son pouvoir curateur. Le mercure, si remarquable dans les affections de la bouche, n'agit-il pas physiologiquement sur elle? Voici le jaborandi, remède nouveau, qui est un puissant sialagogue : on peut le mettre d'avance à côté du mercure. En somme, il n'y a pas d'acte thérapeutique sans acte physiologique possible, et réciproquement : *ubi virus, ibi virtus.* Voyons, maintenant, les faits qui démontrent l'action physiologique de la ciguë sur les organes génitaux.

En ce qui touche l'atrophie testiculaire et mammaire, nous avons d'abord l'affirmation de l'antiquité : elle devrait suffire comme preuve. Les anciens ne se sont point trompés sur la valeur de la ciguë contre les pollutions : pourquoi se seraient-ils trompés sur l'atrophie des deux glandes en question ? Je ne connais aucun fait moderne d'atrophie testiculaire, quoique Wood semble indiquer qu'il en existe (1). Quant à l'atrophie mammaire, elle

______

(1) Les anciens ont dit que la ciguë atrophiait les mamelles et les testicules : les écrivains modernes ont fourni quelques preuves à l'appui (Wood, *loc. cit.*).

est incontestable : j'en fournirai bientôt les preuves. Thérapeutiquement, le pouvoir résolutif de la ciguë sur l'engorgement des glandes est positif : un médecin allemand, Dunkler, et deux médecins américains, See et Gibson, l'ont même vantée dans le goître. De là à l'atrophie physiologique des testicules et des seins, il n'y a qu'un pas ; c'est l'histoire de l'iode.

Hahnemann signale, dans sa pathogénésie, des douleurs au testicule, l'absence totale d'appétit vénérien, des pollutions, de la lascivité, la sortie du liquide prostatique pendant la défécation (symptôme qui pourrait bien être de la spermatorrhée), de plus, du prurit vaginal et de la leucorrhée, tous accidents qui démontrent l'action physiologique de la ciguë sur les parties génitales. Il cite même une observation de Limprecht, que je n'ai pu retrouver, où il est question d'un appétit vénérien désordonné, fait qui est en rapport avec l'observation suivante :

Obs. XXXIV.— Feminam primariam quæ forte inter pastinacas radicem cicutæ comederat, in tantam mentis alienationem et æstrum venereum abreptam fuisse, ut adstantes omnes ad coïtum invitaret, Boccone affirmat (Marci Mappi, *Historia Plantarum alsaticarum*. Amstelodami, 1742).

John Ray a cité dans les *Transactions philosophiques*, année 1697, l'observation d'une femme empoisonnée par la ciguë. Elle fut prise presque immédiatement d'un délire furieux, *tenait des propos obscènes* et ne pouvait s'empêcher de danser (1). L'empoisonnement se termina par des accès d'épilepsie passagers.

Beaucoup seront tentés de reléguer parmi les fables

(1) Ce qui justifie le nom provençal de *Ballandina* donné à la ciguë (p. 192).

ces observations de nymphomanie et de délire obscène provoqués par la ciguë. Ce côté du délire cicutaire me paraît curieux. Je retiens ces faits pour compte. Beaucoup aussi riront des symptômes hahnemaniens. On peut répéter ces expériences : c'est le seul moyen d'y voir clair. Pour moi, toutes les fois que j'ai voulu expérimentalement vérifier Hahnemann, je ne l'ai jamais trouvé en défaut, témoin tout ce que j'ai écrit sur l'arsenic. Je sais par l'antiquité et toute la tradition, depuis Dioscoride jusqu'à Harley, que la ciguë est un des meilleurs remedes contre les pollutions : je ne suis pas étonné qu'elles figurent parmi les accidents physiologiques du conium. Cela devait être en vertu du *simile*.

Voici encore quelques faits à l'appui. Albers, dans ses expériences déjà citées, affirme que le sens génésique est affaibli. Suivant lui, l'affaiblissement du mouvement et du sentiment qui suit l'ingestion de la conicine, coïncide aussi avec la diminution de l'activité génitale que l'on remarque après l'emploi de l'extrait de ciguë chez les individus irritables et sujets aux convulsions ; suivant MM. Damourette et Pelvet (1), la dépression des fonctions génitales, attribuée au conium par les anciens, trouve, si elle existe réellement, son explication dans l'anémie des vaisseaux qui vont aux corps caverneux, dans la paralysie des muscles érecteurs, enfin dans une certaine anesthésie des canaux séminaux et peut-être aussi dans l'activité diminuée des spermatozoaires.

A priori, quand, en présence des histoires d'empoisonnement, on voit la ciguö agir si énergiquement sur la moelle épinière, produisant tour à tour de la convulsion

(1) Action physiolog. et thérap. de la ciguë et de la conicine (*Gazette médicale*, 1870).

et de la paralysie, faut-il s'étonner de la voir développer du côté des parties génitales des phénomènes d'excitation et de dépression ? Harley, qui nie toute action physiologique du conium sur ces parties, aurait dû pourtant être éclairé par l'observation d'Alderson, où l'on voit l'empoisonné lâcher ses urines aussi bien que ses excréments. En résumé, assez de faits démontrent cette action physiologique : l'antiquité a donc eu raison de faire de la ciguë un anaphrodisiaque.

Pour corroborer ces conclusions, il faut répondre à une objection qui s'élève naturellement contre cette propriété de la ciguë. On s'appuie surtout sur le témoignage de Störck, qui affirme n'avoir constaté aucune action physiologique de cette substance sur les parties génitales. Sachs s'est emparé de ces dires pour battre en brêche ce qu'il appelle l'idolâtrie de l'antiquité. Œsterlen se moque de Dioscoride et de Pline, à propos de l'atrophie testiculaire et mammaire. Pour M. Gubler, cette opinion n'est pas confirmée par l'*observation rigoureuse des faits* (phrase sacramentelle). Comme on le voit, le docteur Harley a des précédents et des appuis. Certes, les négations de Störck et du médecin anglais méritent d'être examinées et pondérées, puisqu'elles partent de de deux hommes qui, à plus de cent ans de distance, ont le plus expérimenté la ciguë. Voici comment on peut répondre à cette objection qui, du reste, se reproduit à tout propos pour les autres médicaments.

Tout médecin qui nie un fait, parce qu'il ne l'a pas vu, émet en général une prétention insoutenable. Nous passons notre vie entière à voir à peine la cent-millième partie des faits, surtout en pharmacodynamie. Il ne suffit pas d'avoir administré souvent un médica-

ment pour le connaître à fond. Combien de circon--
stances physiologiques nous échappent, faute d'attention
et même de coup d'œil! de plus, l'état de maladie est
un mauvais terrain pour l'étude de la physiologie médicamenteuse. Le symptôme morbide couvre le plus
souvent et annihile le symptôme médicamenteux; en
outre, il est souvent confondu avec lui par les igno-
rants, c'est-à-dire par le plus grand nombre. Pour y
voir clair, il faut l'expérimentation pure.

D'un autre côté, tout médicament, avec ses nombreux symptômes et la multiplicité de leurs combinaisons, peut être comparé à une véritable loterie. On
peut jouer dessus, toute la vie, sans voir sortir tel nu-
méro ou telle série. Nombre de médecins administrent
journellement l'arsenic à doses massives, surtout dans
les hôpitaux : combien parmi eux en est-il qui ont vu
le tremblement arsenical? je ne l'ai vu qu'une seule
fois.

Comparez ce que Störck a dit des accidents propres
à la ciguë, avec ce que nous savons aujourd'hui à son
sujet, et l'on verra combien il a ignoré de choses de
sa physiologie médicamenteuse. Combien même est
incomplet Harley à cet endroit? Cependant Störck et
Harley ont largement expérimenté la plante. Ils n'ont
pas tout vu : ce qui est arrivé à bien d'autres. Que si
quittant le terrain de la maladie, ils eussent expérimenté sur des sujets sains, en grand nombre et longtemps, variant les doses, ils eussent vu passer sous
leurs yeux une foule de cas de cicutisme même dans la
sphère génitale. La physiologie de la ciguë, encore si
incomplète, y aurait gagné.

D'autre part, ce médicament, administré à dose mé-

dicinale, produit rarement des effets intenses. Les cas
de priapisme ou de nymphomanie sont très-exception-
nels. Au-dessous de ce maximum, combien de mini-
mums nous échappent dans cette sphère, par la simple
raison qu'il est difficile de confesser les malades sur ce
point délicat, et de discerner l'acte médicamenteux
de l'état physiologique ou de son exagération acciden-
telle !

J'en ai dit assez pour réduire à leur juste valeur les
négations combinées de Störck et de Harley. Sur ce
point de pharmacodynamie, ils ne sont pas recevables
dans leurs dires : jusqu'à nouvel ordre, il faut maintenir
Dioscoride et Hahnemann.

Abordons maintenant la question des mamelles.
Dioscoride disait : — « Lac ibidem restringit et mammas
virginum crescere non patitur. » — Pline, après lui :
— « Anaxilaus auctor est mammas a virginitate inlitas
semper staturas ; *quod certum est*, lac puerperarum mammis imposita exstinguit ». — L'antiquité a donc affirmé l'atrophie mammaire par la ciguë et sa propriété
de faire passer le lait chez les femmes en état de lacta-
tion. Pline tient cette dernière propriété pour certaine.
Inutile d'ajouter que le dire des anciens se trouve répété
jusqu'à notre époque. On peut, dans la tradition, citer
à ce sujet Avicenne, Ambroise Paré, Ettmuller, Geoffroi et bien d'autres. Notez que le procédé atrophique
des anciens s'est toujours conservé dans le populaire.
Au commencement du xviii° siècle, Francken de Franke-
nau disait, dans sa flore (1), que les femmes mettaient des cataplasmes de ciguë sur leurs seins, lors-

(1) « Flora francica rediviva. » Leipzig, 1716.

qu'ils étaient flasques et pendants, pour les raffermir et leur donner de belles formes. Geoffroi, en mentionnant cet usage, ajoute que Dodonée le déclare téméraire et plein de danger. Borelli avait déjà publié un empoisonnement mortel dû à ce procédé. Les nombreuses expérimentations de Störck et de ses adhérents dans les tumeurs du sein, viennent à l'appui de ces faits. Que les expérimentateurs se soient trompés plus d'une fois sur la nature de ces tumeurs, l'action curatrice de la ciguë n'en existe pas moins et confirme à sa manière les dires de l'antiquité.

Hahnemann lui-même, avant d'être homœopathe, comme on peut le voir dans sa traduction de Cullen, recommandait l'emplâtre de ciguë dans les duretés de la glande mammaire, dues à des violences extérieures. — De notre temps, Pereira apporte un témoignage sérieux : — Récemment, dit-il, on a attribué à la ciguë une action spéciale sur les mamelles. Dans deux cas, son emploi a déterminé leur atrophie (*London med. Gazette*, VIII). D'autres faits vont être cités à propos de la propriété due à la ciguë de tarir le lait.

L'antiquité est univoque sur ce point. Geoffroi, qui blâme la ciguë pour atrophier les seins, ne paraît pas la repousser pour faire passer le lait. L'observation de notre temps est plus concluante. — Une femme faible, très-irritable, souffrait, après son accouchement, depuis huit mois d'une galactorrhée continuelle. Plusieurs remèdes avaient été employés inutilement, lorsqu'un demi-grain d'extrait de ciguë, chaque deux heures, la guérit en quelques jours (Gebel, *Journal de Hufeland*, 1803). — Gudet tient l'extrait pour un remède souverain en pareil cas (*Journ. de méd. et chir.*, 1806). D'Outrepont s'est convaincu que, parmi les moyens spécifiques contre cette affection, la ciguë occupe le premier rang. Elle possède une action marquée sur les mamelles, action qui consiste en une dépression immédiate de leur activité, mais qui ne se borne pas à modérer la sécrétion du lait, puisque l'emploi prolongé de la ciguë amène une *atrophie complète* de la glande mammaire, au point de rendre cette glande impropre à remplir ses fonctions dans les grossesses subséquentes (*Zeitsch. für Geburtshülfe*, 1829). Il donne à ce sujet deux observations intéressantes que voici :

Obs. XXXV. — Une actrice, d'une grande beauté, plusieurs mois après son accouchement, fut prise d'un engorgement considérable au sein avec une sécrétion excessive du lait. Tous les remèdes usuels furent en vain appliqués ; à la fin, son médecin s'aventura à lui prescrire une infusion légère de ciguë, dont elle fit usage pendant deux jours. L'écoulement de lait s'arrêta tout à coup, mais les deux seins diminuèrent extraordinairement, ce qui chagrina beaucoup la malade. Peu de temps après, elle devint enceinte ; les seins ne bougèrent pas ; pendant ses couches, ils se tuméfièrent à peine, ne sécrétant que quelques gouttes de lait : derniers signes d'une activité qui cessa pour toujours.

Obs. XXXVI.— Une mère de quatre beaux enfants qu'elle avait tous nourris, avait allaité le dernier pendant quinze mois. Elle le sèvre, mais la sécrétion laiteuse continue en telle abondance, que cette femme perdait quatre litres de lait par jour, et était obligée de changer continuellement les linges qui garnissaient sa poitrine. Les règles furent supprimées, et elle ne put plus devenir enceinte. Cet état persistait depuis quatre ans ; pendant ce temps on avait fait tous les remèdes imaginables. D'Outrepont la prit alors en traitement. La malade n'était nullement affaiblie par cet écoulement continuel. Il essaya d'abord de rappeler les règles ; il y parvint au bout de cinq mois ; la galactorrhée n'en continua pas moins en partie. La malade était très-impatiente de guérir. D'Outrepont lui administra alors la ciguë, un grain d'extrait, trois fois par jour. Au bout d'une semaine, l'écoulement fut complètement arrêté ; mais les seins avaient perdu considérablement de leur volume. Les règles reprirent leur cours régulier, mais lorsqu'elles vinrent à cesser, la galactorrhée reparut. La malade prit alors, d'elle-même, sept grains d'extrait de ciguë, au lieu de trois. L'effet ne se fit pas longtemps attendre ; les seins s'amaigrirent tellement, qu'il ne resta plus qu'une peau flasque. La menstruation suivit toutefois un cours assez régulier. L'écoulement laiteux ne reparut plus, et cette dame ne redevint plus enceinte.

L'accoucheur allemand rappelle à ce propos le professeur Benedict, de Breslau, qui a déjà signalé, dit-il, cette action remarquable de la ciguë sur l'organe sécréteur du lait. J'ai tenu à me procurer la monographie du professeur allemand, j'en extrais les passages suivants : — Le conium agit sur les glandes mammaires d'une manière spécifique et jusqu'à présent inexplicable. Chez la femme dont les glandes sont saines, il produit des élancements passagers avec sensation de tiraillement et de déchirement dans l'organe sécréteur. A la suite d'un long usage de la ciguë, le parenchyme de la glande s'affaisse et se ratatine; chez les femmes qui allaitent, elle diminue peu à peu et tarit complètement la sécrétion lactée; elle ne guérit pas les vrais squirrhes du sein, mais lorsque les douleurs causées par la ciguë surviennent, la tumeur, au lieu d'augmenter, paraît diminuer quelquefois. Dans le cancer ulcéré, elle améliore l'état du pus pendant quelque temps seulement. Elle agit très-activement dans les engorgements laiteux rebelles et un peu anciens... Ordinairement, l'amélioration se produit, lorsque apparaissent les élancements passagers, dont il a été question plus haut... Dans les cas d'engorgement laiteux que j'ai traités par le conium, je n'ai jamais vu survenir d'inflammation ni de suppuration. On pourrait aussi, en pareil cas, essayer la belladone, mais ce médicament n'a pas, comme la ciguë, l'action spécifique sur la glande que nous avons signalée (p. 15 et 16). — Dans un autre chapitre, Benedict revient sur cette question : — La ciguë, dit-il, si recommandée par l'École de Vienne contre les cancers du sein, possède sans contredit une action propre spécifique sur cet organe. Les engorgements laiteux, par l'usage interne du remède, diminuent avec accompagnement de douleurs tiraillantes particulières et finissent par disparaître tout à fait. La galactorrhée se guérit par la ciguë. Ce médicament développe sur les mamelles à l'état sain des douleurs de tension et de tiraillement, et finit à la longue par produire une atrophie évidente de la glande. C'est cet état atrophique du sein qui a amené les médecins à préconiser ce remède. Pendant que la glande mammaire s'aplatissait plus ou moins, ils s'imaginaient voir diminuer le squirrhe... Tous ces phénomènes ont crédité la ciguë dans le traitement palliatif du cancer. Il est faux, comme j'ai eu occasion de l'observer souvent, que la ciguë rende mobile un cancer adhérent et fixe, et facilite l'opération. L'usage longtemps continué du conium à dose toujours croissante, altère singulièrement la constitution des malades, et les prédispose aux *paralysies*, à la fièvre hectique et à l'hydropisie (p. 116) (1).

Récemment, le Dr Moritz a appelé l'attention sur l'emploi de la ciguë dans les engorgements du sein

---

(1) Benedict. *Bemerkungen über die Krankheiten der Brust und Achseldrüsen.* Breslau, 1825.

chez les accouchées et les nourrices (*Wien med*. *Press.*, 1871). Suivant lui, le meilleur remède, dans ces affections, est l'extrait de ciguë, médication qui n'est pas nouvelle, mais qui est *délaissée*. Depuis plusieurs années, il l'emploie : 1° lorsque les accouchées se plaignent les premiers jours de violentes douleurs au sein ; 2° dans l'engorgement mammaire chez les femmes qui ont sevré ; 3° lorsque la sécrétion lactée ne veut pas céder aux moyens habituels ; 4° dans le cas d'inflammation, suite d'engorgements laiteux. Dans tous ces cas, Moritz a pu se convaincre de la promptitude et de la sûreté d'action du remède qu'il donne de 3 à 12 centigrammes, 4 à 6 fois par jour.

Ces résultats sont si satisfaisants, que l'on devrait, comme dit Pereira, employer la ciguë plus souvent dans les engorgements du sein et la galactorrhée. On chercherait en vain ces applications médicamenteuses dans nos récents dictionnaires (Dechambre et Jaccoud). Dans l'un d'eux, MM. Ollivier et Bergeron relèguent parmi les fables la propriété antilaiteuse de la ciguë, tandis que M. Gubler trouve qu'elle n'est pas démontrée par l'observation rigoureuse des faits. Evidemment, le professeur de la Faculté de Paris a parlé sans les connaître. Les sceptiques et les négateurs sont, trop souvent, des gens qui n'ont ni lu, ni vérifié.

Il y a, certes, assez de faits pour contrôler la justesse des observations des anciens. D'ailleurs, la physiologie du médicament vient à l'appui. Hahnemann a signalé, dans sa pathogénésie, les douleurs et même l'engorgement du sein causés par la ciguë. Or, voici que le symptôme douleur a été complètement confirmé par Benedict ; le professeur de Breslau, qui n'était pas homœo-

pathe, se rencontre ici avec Hahnemann ; il décrit
minutieusement les douleurs tiraillantes et déchirantes,
développées dans le sein par l'emploi de la ciguë : c'est,
pour lui, une des conditions de la guérison, et, pour
tout médecin, ce doit être une preuve de l'action élective
du conium sur l'organe mammaire. Cette électivité est
un critérium parfait de son action thérapeutique.

Les modernes ont vérifié les dires des anciens avec
notre ciguë vulgaire : donc, elle est identique à la ciguë
de Dioscoride et de Pline.

CHAPITRE SIXIÈME

Compléments et conclusions.

Lorsque j'ai commencé ce mémoire sur la ciguë, il
me manquait divers documents importants ; entre
autres, la vieille thèse de Steger et le travail de Christison, paru en 1836, dans *Edimburgh philosophical transactions.* Plus tard, j'ai pu me les procurer, ce qui me
force à des *additamenta.*

I. La thèse de Steger : *De cicuta Atheniensium pœna publica.* Lips. 1723, est un chef-d'œuvre d'érudition : notre
époque de décadence est impuissante à produire de pareils travaux. J'en donne l'analyse pour me compléter
sur beaucoup de points.

Platon et Xénophon ont habituellement employé le
mot φάρμακον, là où d'autres ont dit κώνειον. Il ressort
des vieux grammairiens Hesychius et Pollux, que le
premier mot était synonyme du second, en dehors de
son sens générique. Le rhéteur Libanius disait dans

l'une de ses harangues : *venenum* (φάρμαχον) *peto, cicutam quæro, mortem desidero.*

Les Grecs employaient aussi la ciguë au féminin, χωνεία. Ils l'appelaient également νάρθηξ, nom de la férule, avec laquelle elle a tant de ressemblance ; ἀνησοειδὲς, semblable à l'anis, à raison de la similitude des deux graines ; et aussi ἐφήμερον, comme il a été déjà dit ailleurs, à cause de la rapidité avec laquelle elle donne la mort.

Les Latins usaient de plusieurs circonlocutions pour désigner la ciguë : *calix venenatus* (Sénèque) ; *potio publicè mixta* (id.) ; *herbæ pestilentis succus noxius* (Apulée) ; *veneni potio* (Valère Maxime) ; *sorbitio cicutæ* (Perse) ; tandis que les Grecs disaient : boire la ciguë, χώνειον πίνειν, nommaient ce genre de supplice la potion de la ciguë, τὴν τοῦ χωνείου πόσιν, et aussi φιλοτησία, *acte d'amitié*, par plaisanterie ou catachrèse, ce que les lexicographes ont traduit, dans ce cas, par *propinatio, invitatiuncula ad propinandum* (1). Il a été déjà question du mot φάρμαχον.

Steger est d'avis que l'usage de la ciguë, comme poison légal, date des trente tyrans ; l'un d'eux, Théramène, en fut historiquement la première victime. Cette opinion peut être appuyée sur un passage de Lysias, où il est dit que les Trente avaient mis cela en coutume, ou le pratiquaient habituellement. Le passage grec peut avoir ces deux sens : ὑπ' ἐκείνων ἐιθισμένον. Cléarque, tyran des Héracléotes, fit périr grand nombre de ses concitoyens par la ciguë. Olympiade, mère d'Alexandre-le-Grand, envoya à Eurydice, dans sa prison, une épée, un filet et de la ciguë, lui laissant le choix de ces trois genres de mort.

____

(1) « Thesaurus linguæ græcæ., » éd. Didot.

Après Thèramène, Polémarque fut la seconde victime des Trente ; puis, vinrent Socrate et Photion. Un passage du Phédon indique que beaucoup d'autres, avant le philosophe athénien, avaient péri par la ciguë. Longtemps après le renversement de la République grecque, la mort par la ciguë était encore pratiquée chez les Romains. Steger cite en preuve le martyre de saint Justin.

La ciguë n'est point un poison absolu. Galien a cité l'histoire d'une femme d'Athènes, qui avalait impunément de grandes quantités de ce poison. Steger aurait pu ajouter que saint Augustin rapporte le même fait. Il ressort encore d'un passage du Phédon, que certains condamnés à mort étaient obligés de boire deux ou trois fois de suite la potion de ciguë pour mourir : question d'individualité.

Les anciens avaient plusieurs antidotes de la ciguë : c'était le vin, la rue, la gentiane, l'amome, le myrrhis et le poivre. Les Héracléotes se servaient de la ruë.

Xénophon, dans son apologie de Socrate, dit que la ciguë est la plus facile des morts. Libanius en dit autant dans ses harangues ; ce qui explique comment, de toute antiquité, le suicide par la ciguë était le plus usité, même dans les temps mythologiques. Sténobie, éprise d'amour pour Bellérophon, et ne pouvant l'obtenir, mit fin à ses jours en avalant ce poison. Des sacriléges, qui avaient violé le temple de Minerve, en firent autant. Trois débauchés athéniens, Périclès, Callias et Nicias, terminèrent leur vie de la même manière, après avoir dissipé toute leur fortune. On connaît l'histoire des vieillards de Céos, et la tentative de Sénèque. Plusieurs passages de Libanius mentionnent cette habi-

tude de suicide cicutaire ; ce qui s'explique facilement
par la rapidité et la douceur de ce genre de mort (1).

C'est pour cette raison que ce supplice si doux était
imposé aux hommes illustres de la République, que l'on
distinguait des criminels vulgaires. Leurs cadavres
mêmes n'étaient point jetés dans la fosse des suppli-
ciés, ou Barathre ; on les remettait à leurs amis qui
leur rendaient les honneurs de la sépulture.

Le bourreau d'Athènes fournissait lui-même la ciguë
aux victimes et la leur faisait payer. Steger ne pense
pas que le poison légal fût publiquement conservé à
Athènes comme à Marseille. Il ne se montre nullement
partisan du poison composé, et se rallie à l'opinion de
Licetus, que je vais bientôt exposer : il fait remarquer
qu'aucun auteur ancien n'a parlé de mélange.

On ignore quel était le liquide dans lequel on broyait
la ciguë. Steger conjecture que c'est le vin, d'après le
passage de Pline : — *in vino pota irremediabilis.*

Ceux qui mouraient par la ciguë, n'avalaient le poison qu'après le coucher du soleil, à la suite d'un bon
repas, ainsi qu'il est permis de le conclure d'après un
passage du Phédon.

II. Le 6 octobre 1651, Gui Patin écrivait à Licetus,
savant médecin de Padoue, lui demandant son opinion
sur la matière qui constituait le poison antique. Trois
mois plus tard, le médecin italien répondait longuement,
à ce sujet, au médecin français.

(1) Le 5 avril 1875, les journaux de New-York rapportaient le suicide
du professeur Walker par la ciguë. Mort en 2 heures 10 minutes, jusqu'au dernier moment, il a eu le courage de décrire, la plume à la main,
les accidents du poison. C'est le premier cas de suicide cicutaire dans
nos temps modernes.

Licetus pensait que la ciguë de France et d'Italie n'était pas aussi active que la ciguë athénienne. La preuve, c'est que les Marseillais la faisaient venir de Grèce pour leur dépôt public. Les Grecs n'ajoutaient rien à leur ciguë, comme on le voit dans Plutarque, Pline et Dioscoride. A Athènes, le poison légal n'était pas conservé publiquement. On l'achetait chez les droguistes qui le fabriquaient avec le suc desséché au soleil et réduit en pastilles, ou les faisait dissoudre dans du vin pour l'administrer aux condamnés. La ciguë grecque était assez vénéneuse par elle-même pour qu'elle n'eût pas besoin d'être mélangée à d'autres poisons.

III. Lorsque le professeur Bennet lut son observation d'empoisonnement à la Société médicale d'Edimbourg, Christison, frappé du fait, dit qu'il était disposé à se rallier à l'opinion de l'identité de la ciguë antique et de la ciguë moderne, qu'il le faisait avec d'autant plus de plaisir qu'il avait soutenu la thèse contraire une dizaine d'années auparavant, dans un mémoire publié dans les *Transactions*. Je tiens à analyser ce travail, pour répondre à quelques objections qui s'y trouvent.

L'éminent toxicologiste soutient que la description de Dioscoride et de Pline peut se rapporter à 20 ombellifères différentes, que l'expression *nigricans*, appliquée à la tige, ne cadre pas avec les taches si remarquables de la ciguë. Les comparaisons avec la feuille de férule et de coriandre ne sont pas exactes, surtout la racine creuse de Pline et la racine profonde de Dioscoride.

Je ne puis admettre avec Christison que la ciguë vireuse est la plante qui se rapproche le plus de la description de la ciguë antique. La racine du conium se creuse aussi bien que celle de la ciguë aquatique. D'ailleurs, cette dernière n'existe pas en Grèce. Il n'est pas exact qu'elle soit plus vénéneuse que le conium.

Christison n'est point arrêté par l'affirmation de Sibthorp; il soutient que l'ancienne appellation de la ciguë n'existe pas en grec moderne et qu'elle n'a aucun rapport avec le nom moderne de βρωμοχόρτον qu'elle porte actuellement d'après le botaniste anglais. Ici il y a erreur évidente. Le nom de κώνειον, ciguë, se trouve parfaitement dans le Dictionnaire moderne de Charles Βυσαντίος, imprimé à Athènes en 1846. Le mot de βρωμοχόρτον ne s'y trouve pas; ce mot d'ailleurs signifie : *plante qui sent mauvais*, et prouve à lui seul l'identité de la ciguë moderne avec la ciguë antique. Pereira avait raison d'affirmer que le mot κώνειον avait été conservé par les Grecs modernes.

Le toxicologiste anglais veut bien reconnaître que la description de la physiologie cicutaire laissée par les anciens, concorde beaucoup mieux que la description botanique, avec les propriétés connues de notre conium; toutefois il prétend que la description de Nicandre peut s'appliquer aussi à beaucoup d'autres narcotiques et à diverses ombellifères. Il est difficile d'accepter cette thèse en présence des nombreux faits que j'ai cités.

Christison trouve étonnant que Théophraste qui vint au monde vingt-huit ans après la mort de Socrate, n'ait pas parlé du célèbre poison d'Etat. Il en conclut que ce poison n'était pas la ciguë. Si Théophraste qui parle du κώνειον n'a pas mentionné son emploi légal, cela tient évidemment à ce que le fait était trop vulgaire, trop connu.

Comme tant d'autres, Christison soutient que l'empoisonnement socratique n'est nullement d'accord avec les faits observés par les modernes, ni avec la description de Nicandre. Il ajoute qu'il n'est pas un toxicologiste pouvant soutenir qu'il existe un poison à paralysie ascendante avec refroidissement et raideur des membres, qui ne produise pas en même temps de la douleur et du sopor. J'ai répondu à tout cela par les faits, par la distinction de la forme socratique et de la forme délirante et convulsive. Christison, en présence de la mort de Socrate, est amené à conclure ou que Platon qui n'assista pas aux derniers moments de son maître, a fait une description imaginaire, ou que nous avons perdu la trace d'un poison très-actif, seul connu de l'antiquité : ce dilemme est inacceptable pour toutes les raisons précédemment données. Il est inutile du reste de prêcher un converti, puisque Christison semble avoir reconnu son erreur en présence du fait rapporté par Bennet.

Il me presse de clore ce mémoire qui m'a coûté de si nombreuses recherches.

Aujourd'hui il ne sera plus permis, je crois, de répéter avec Quarin : « planta hæc.... multum hallucinari fecit « botanicos , ita ut venenatissima illa veterum cicuta, « qua Socratem e medio sublatum Plato refert, minime « esse videatur (*Tentamen de cicuta*). »

Il ne faudra plus dire aussi avec les annotateurs modernes de Pline (coll. Panckouke, 1831) que la ciguë *plante*, n'est pas la ciguë *breuvage*, si célèbre dans l'antiquité par la mort de Socrate.

Je crois avoir surabondamment prouvé, par cinq ordres de preuves, que l'illustre philosophe est mort par notre ciguë moderne et rien que par la ciguë. Puissé-je avoir convaincu mes lecteurs !

TABLE DES MATIÈRES

Paris. — Typ. A. PARENT, rue M.-le-Prince, 29-31.

www.ingramcontent.com/pod-product-compliance
Ingram Content Group UK Ltd.
Pitfield, Milton Keynes, MK11 3LW, UK
UKHW022347090726
13658UKWH00002B/515